O CÉREBRO DAS PESSOAS FELIZES

Ferran Cases e Sara Teller

O CÉREBRO DAS PESSOAS FELIZES

Como superar a ansiedade
com a ajuda da neurociência

Tradução de Isa Maria

Rocco

Título original
EL CEREBRO DE LA GENTE FELIZ
Supera la ansiedad con la ayuda de la neurociencia

Copyright © 2021 *by* Ferran Cases Galdeano e Sara Teller Amado
Ilustrações interior © 2021 Ramón Lanza

Edição brasileira publicada mediante
acordo com Sandra Bruna Agencia Literaria, SL.
Todos os direitos reservados.

Direitos para a língua portuguesa reservados
com exclusividade para o Brasil à
EDITORA ROCCO LTDA.
Rua Evaristo da Veiga, 65 – 11º andar
Passeio Corporate – Torre 1
20031-040 – Rio de Janeiro – RJ
Tel.: (21) 3525-2000 – Fax: (21) 3525-2001
rocco@rocco.com.br |www.rocco.com.br

Printed in Brazil/Impresso no Brasil

Preparação de originais

ALINE ROCHA

CIP-BRASIL. CATALOGAÇÃO NA PUBLICAÇÃO
SINDICATO NACIONAL DOS EDITORES DE LIVROS, RJ

C332c

    Cases, Ferran
        O cérebro das pessoas felizes : como superar a ansiedade com a ajuda da neurociência / Ferran Cases, Sara Teller ; tradução Isa Maria. - 1. ed. - Rio de Janeiro : Rocco, 2023.

        Tradução de: El cerebro de la gente feliz supera la ansiedad con la ayuda de la neurociencia
    ISBN 978-65-5532-356-6
    ISBN 978-65-5595-202-5 (recurso eletrônico)

    1. Cérebro. 2. Ansiedade. 3. Neurociência cognitiva. 4. Felicidade. I. Teller, Sara. II. Maria, Isa. III. Título.

23-83989   CDD: 153
                              CDU: 159.923.2:612.821.3

Meri Gleice Rodrigues de Souza - Bibliotecária - CRB-7/6439

O texto deste livro obedece às normas do
Acordo Ortográfico da Língua Portuguesa.

SUMÁRIO

Introdução 11
0. O que você está fazendo aqui? 13

PRIMEIRA PARTE
O que está acontecendo comigo?

1. Por que essas fisgadas não me deixam dormir? 17
   Futebol, cigarros e punhaladas 17
      Correndo de um mamute 18
   Santana quer me matar 24
      A coqueteleira hormonal 26

2. O que mudou em meu cérebro? 31
   Confissões no meio da tarde 31
      De um cérebro-Sauro a um Homo-cérebro 32
      Como estão relacionados 35
   O dia em que roubei um banco 36
      Tudo aquilo que faço sem perceber 39
   Isso também não funciona, que azar 41
      Kamehameha cerebral 43
   A herança familiar e social 46
      Continuamos nos esforçando 48
      Robóticos e felizes 49
   Estraguei tudo, assumo 52
      A noite dos mortos-vivos 53

SEGUNDA PARTE
O que posso fazer para resolver isso?

3. Revisando tudo o que você faz no seu dia a dia 59
    De jovem empreendedor a *new ager* levitando 59
       Cro-Magnon com um iPhone no bolso 61
    Como destruir seu dia, ou a rotina de um ansioso 68
       Vícios ou maus hábitos? 70
       Magia de robôs para humanos simples 72
       E se eu ficar de fora? 75
       Cérebros tomando um vermute 76
       Viciados em fazer 77
    Se o Homem de Ferro consegue, por que eu não posso? 79
       Mudar e instaurar 81

4. O que comer se você sofre de ansiedade? 85
    O dia em que você se sente leve 85
       Banho de dopamina 87
    Depois de liberar tudo aquilo que entrou 94
       Alimentos para diminuir os níveis de ansiedade e
       melhorar o funcionamento do cérebro 96
    Continuava liberando 97
       O debate cerebrointestinal 98
       Microbiota: sua colega de apartamento 99
       Bichinhos que nos estressam 101
    Noites sem dormir 106
       Como o cérebro de um ansioso dorme? 108
       Caso ainda não tenha sido suficiente 112
    Com relação a meus hábitos de sono 113
       A luz nos afeta, e você aí com o
       celular a meio palmo da cara 114
       O dia afeta a noite 121
    Chega de remédios 124
       E os comprimidos instantâneos? 125

    Substâncias naturais 127
    O clube das cinco da manhã? 128

5. Sair da ansiedade depende de você 131
Muito prazer, sou sua força de vontade 131
    Top três para acalmar a ansiedade 133
    Nervo vago no modo on 135
    Conversas entre o coração e o cérebro 137
Orgasmos ao inspirar 138
    Top três: Respiração................................... 140
O dia em que a ansiedade quase me matou 143
    Top dois: Consciência corporal 145
Roncos budistas 150
    Top um: Meditação 151
    Troque o chip.. 153
O professor punk 156
    Tudo o que acontece com meu cérebro quando medito 158

TERCEIRA PARTE
Reinterpretando meu mundo

6. Não sei o que está acontecendo comigo 165
Todos temos ansiedade 165
    Indispensáveis 168
    Emoções primárias.................................... 169
    Emoções secundárias 172
    A ansiedade é uma emoção, não uma dor no peito 173
Oi, sou sua emoção 174
    Emoção, corpo e mente 176
    Emoção versus razão 178

7. O que, como, quando e por quê 183
O mundo segundo Jeff Goldblum 183
    Como percebemos a realidade 185

      Tomada de decisões 187
      Cérebro ansioso versus cérebro adolescente. 189
      Motivação e força de vontade 192

8. Isto é assim... ou não 193
      Crenças e vieses cognitivos 193
      Os vieses cognitivos. 197
      Vieses cognitivos frequentes 198

9. O grande inimigo. 203
   Orcs nas esquinas 203
      Medo e ansiedade 205
      Preocupações 206
   A geração perdida 208
      As aventuras da sra. Sem-Medo. 210
      Tudo o que você não sabia sobre o medo
        e que nunca se atreveu a perguntar. 212
      Detrás do medo está tudo de bom
        que acontecerá em sua vida. 214

10. Não sou capaz 217
   O despertar do amor 217
      Ondas vibracionais mudando vidas. 219
      Reprogramando a mente 221
   Você tem que aprender a conviver com ela 223
      Missão impossível 225
      Diálogo interno 227
      O que posso fazer?. 228

11. O cérebro das pessoas felizes 231
   O gym e o nham 231
      Felicidade: que nome bonito você tem. 232
      Receita para um cérebro feliz. 234
      A neuroquímica da felicidade 240
      Neuroprodutividade. 242

12. Coisas que você pode fazer.................................. 245
    Copiar é ótimo.................................... 245
    Registre seus pensamentos......................... 245
    Equilíbrio entre divagar e estar atento............ 246
    A motivação....................................... 246
    As janelas de oportunidade............................ 247

Para resumir.. 251
Bibliografia.. 263

Córtex pré-frontal

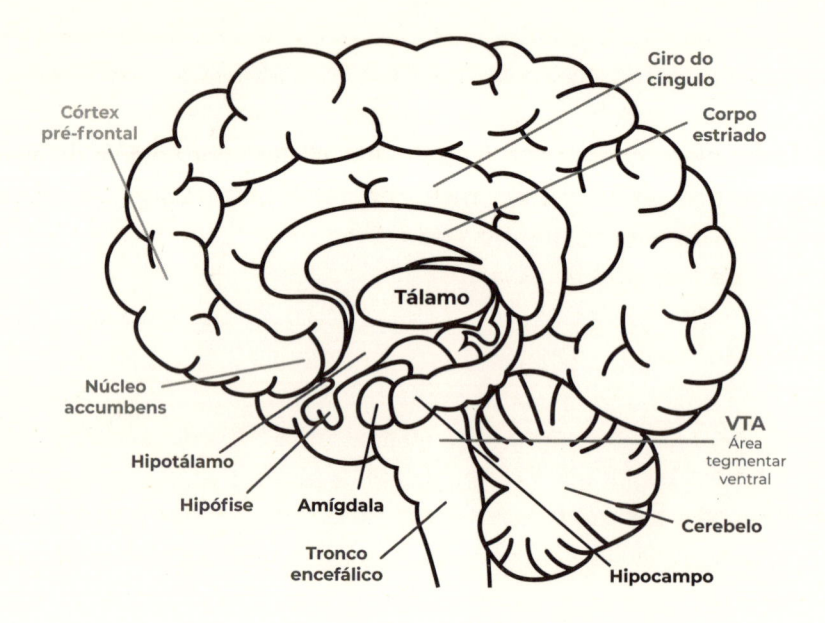

Giro do cíngulo

Corpo estriado

Tálamo

Núcleo accumbens

Hipotálamo

Hipófise

Amígdala

Tronco encefálico

VTA
Área tegmentar ventral

Cerebelo

Hipocampo

Introdução

Às vezes, as ideias surgem na minha cabeça de repente, sem que eu as esteja buscando. Não sei se isso acontece com você também. A questão é que, em uma tarde quente, mais ou menos um ano atrás, uma ideia passou pelo meu cérebro como um raio. "Vou ligar para Sara", pensei.

— Tive uma ideia.

Tenho plena consciência de que, quando ligo para algum de meus amigos e começo com essa frase, a maioria deles treme, mas Sara sempre me dá uma resposta agradável.

— Que maravilha! Então me conte!

— É sobre meu terceiro livro. Gostaria que o escrevêssemos juntos. Quero fazer "o guia definitivo da ansiedade".

Eu sei que, às vezes, me empolgo demais.

— Que legal! Eu adoraria. E no que você está pensando?

— Quero contar minha experiência com a ansiedade, mas não da maneira como sempre contei. Quero me aprofundar nas histórias que, pouco a pouco, me fizeram superá-la e gostaria que, ao fim de cada relato, você explicasse o que acontecia com o meu cérebro naquele instante. Seria um livro de neurociência com toda a informação necessária para quem estiver passando por essa situação. Ler sobre a minha história ajudaria quem sofre de ansiedade a se sentir representado e empoderado.

— Quando começamos? — respondeu Sara.

Acredito que, naquele momento, nenhum dos dois tinha consciência do trabalho que aquilo implicaria.

Foi assim que começou a ser gerado este livro que você está lendo e que espero e desejo que mude totalmente sua vida.

Há dez anos, dedico meus dias ao estudo da ansiedade. Antes de trabalhar profissionalmente com esse assunto, passei quinze anos lidando com ela.

Durante o último ano, publiquei dois livros sobre esse tema e, por meio de meus cursos, ajudei milhares de pessoas a seguir o caminho adequado para superar esse transtorno mental.

Uma de minhas obsessões nessa caminhada pessoal tem sido oferecer informações corretas sobre tudo o que se refere à ansiedade. Em minhas palestras, conto com uma equipe de profissionais que abrange todo esse conhecimento, desde a psicologia até a filosofia, passando pela neurociência. Neste livro, o ápice dessa pequena obsessão, trabalhei com Sara Teller, neurocientista e física, a qual desenvolveu um trabalho titânico. Sara fala de maneira simples e amena sobre um assunto muito complexo, a fim de que você a compreenda mesmo sem ter um mestrado em neurociência. Sem ela, este livro não existiria. Pensando bem, acho que nenhum de meus projetos viria à luz sem sua colaboração. Muito obrigado, Sara, por iluminar o caminho.

0

O que você está fazendo aqui?

Conheci Sara devido a uma dessas felizes coincidências da vida. Na época, eu dava aulas de qigong em um centro budista perto da Sagrada Família, em Barcelona. Essa ferramenta, entre outras, me tirou da paralisia causada pela ansiedade, e isso me convenceu de que eu deveria compartilhá-la com o mundo.

Em todas as aulas, surgiam novos alunos dispostos a experimentar e, um dia, Ferran se apresentou.

Além do nome Ferran, também coincidíamos quanto à idade e tínhamos frequentado a mesma escola desde pequenos. Fazia anos que não nos víamos, e foi uma grata surpresa nos encontrarmos ali.

— Mas o que você está fazendo aqui? — ele perguntou assim que me viu.

— Sou o professor — respondi.

Sua cara de espanto falou por ele. Anos depois, Ferran comentou o quanto havia ficado surpreso pelo fato de alguém com a minha "personalidade" dar aquele tipo de aula. E ele não estava errado; ainda que naquele momento eu não fosse capaz de enxergar, meu objetivo era me tornar algum tipo de mestre zen com poderes de cura. Mas já chegaremos a esse ponto da minha história.

Ferran continuou indo às minhas aulas toda semana. Até que, um dia, decidimos sair para beber depois do curso.

— Minha parceira sofre de ansiedade, e não sei como ajudá-la. Acha que seria bom para ela ir às aulas? — perguntou.

— Claro! Essa ferramenta será ótima, sobretudo para diminuir os sintomas.

Dias depois, Ferran chegou à aula com sua parceira, Sara.

Sara não gostou do qigong. Até hoje, continuo tentando convencê-la de como é maravilhoso, e ela faz o mesmo comigo em relação à ioga.

Nós dois conhecemos muito bem os benefícios das duas atividades, mas é evidente que não há uma fórmula única para todas as pessoas.

Depois de algumas semanas, comecei a tratar a ansiedade de Sara. Procurei contar e ensinar a ela tudo o que eu havia aprendido sobre esse transtorno, e ela começou a melhorar. Entretanto, Sara não era uma aluna comum; ela podia ir além.

— Tudo isso que você fala sobre medicina chinesa e respiração, sobre energia e movimento, tem uma explicação científica. Você sabe, não é? — dizia ela.

— Na verdade, eu não fazia ideia, mas fico feliz em saber.

O fato é que Sara era neurocientista e tinha um amplo conhecimento sobre o assunto.

A partir de então, começamos a desenvolver uma boa amizade. Debatíamos com entusiasmo sobre ansiedade; eu contava a Sara minha experiência, e ela me explicava como o cérebro reagia diante desse transtorno.

De repente, tudo começou a fazer sentido para mim. Graças ao que minha nova amiga me explicava, meus conhecimentos sobre aquele assunto tomaram forma, e o raciocínio que eu antes aplicava sem base concreta adquiriu rigor.

Anos depois, criei *Bye bye ansiedad*, um curso pensado para que todos aqueles que estejam dispostos possam superar esse transtorno psicológico. Nesse curso, a doutora Teller desempenha um dos papéis mais importantes: tentar fazer com que qualquer um de nós, mesmo sem entender nada de ciências, compreenda como o cérebro funciona quando sofremos de ansiedade. Assim, perdemos o medo, pois o conhecimento nos liberta e, quando somos livres, o temor deixa de existir. E você já sabe o que acontece com a ansiedade quando não sentimos medo, não sabe?

PRIMEIRA PARTE

O que está acontecendo comigo?

1

Por que essas fisgadas não me deixam dormir?

FUTEBOL, CIGARROS E PUNHALADAS

Era uma manhã de sábado e, naquela época, eu trabalhava no Museu Picasso de Barcelona, vendendo ímãs da pintura *As Meninas* para turistas, entre outras bugigangas inúteis com reproduções do artista. As longas filas para conseguir um suvenir afloravam a impaciência dos clientes.

Eu gerenciava o estresse como conseguia. Já fazia alguns anos que tinha começado a sentir vertigem e náuseas quando ficava nervoso, mas, naquela manhã, comecei a notar também umas leves fisgadas no lado esquerdo do peito, como pequenas punhaladas no coração.

Não dei muita importância. "É só um pouco de gases, por causa do cansaço", disse a mim mesmo. A insônia era outra de minhas companheiras naquela época, e eu dormia de três a cinco horas por noite.

Minha jornada no museu começava cedo, mas também terminava cedo. Às duas da tarde, eu estava em casa para comer. Preparei alguma besteira, como todos os dias, possivelmente um hambúrguer com uma cerveja, e fiquei vendo televisão. As notícias do dia não davam muita esperança; o mundo era bastante assustador.

De repente, meu celular vibrou: "Ei, cara! Hoje, às sete, vamos ao Arka ver o jogo!" Era meu amigo Marc, me obrigando de maneira sutil a ir assistir ao jogo do Barça em um bar no bairro que ficava uma loucura nos dias desses eventos (parecia que você estava no campo: tocavam o hino antes de o jogo começar, e todos enlouqueciam nas primeiras quatro notas).

Eu não era dado a aglomerações, grandes shows ou casas noturnas. Ficava muito incomodado e começava a me sentir mal só de pensar em entrar em um lugar desses. Mas, quando tinha vinte anos, a pressão social era mais forte do que minha personalidade, então considerei a possibilidade de ir ver o jogo.

Subi na motocicleta e fui me encontrar com meus amigos. O bar estava cheio de gente e fumaça — naquela época, era permitido fumar em locais fechados —, e tive que ir me esgueirando por entre os torcedores para chegar nas primeiras fileiras, diante da grande tela que transmitia o jogo.

Guardaram um lugar ótimo para mim, pensei. Não dava mais para desistir. Pedi uma cerveja, acendi um cigarro e tentei falar com quem estava ao meu lado, sem muito sucesso por causa do barulho.

O jogo começou, e uma tosse esquisita tomou conta de mim. Sentia muita vontade de vomitar, mas estava disposto a aguentar como um campeão para não dar vexame.

Fiquei com esse mal-estar durante todo o jogo.

Enfim, cheguei em casa. Tomei um banho e fui tentar dormir. Eu me joguei na cama e minha cabeça começou a rodar; sentia que ia desmaiar a qualquer momento. Conhecia bem essa sensação de vertigem e enjoo desde o fatídico primeiro ano do ensino médio. (Em breve chegaremos a essa história, acho que vale a pena você conhecer minha primeira viagem lunar.) Os enjoos eram acompanhados por fortes fisgadas no peito, como se estivessem me apunhalando continuamente, bem no meio. E, de repente, meu braço esquerdo ficou dormente. O alarme de perigo soou. Esse era o sintoma típico de ataque do coração.

Preciso ir ao médico, pensei. Eu morava em frente a um hospital. Era só sair de casa e atravessar a rua. Contudo, o medo me deixou tão paralisado que não consegui; decidi tomar um remédio para dormir e esperar que, no dia seguinte, tudo estivesse bem.

Correndo de um mamute

Suponho que você deva estar se perguntando por que isso aconteceu com Ferran. *A priori*, assistir a um jogo de futebol em um bar não deveria causar ansiedade.

Bem, para entender o que houve, precisamos fazer uma viagem ao passado e voltar milhões de anos atrás, à época do surgimento dos primatas. Há 5,5 milhões de anos, surgiram os primeiros hominídeos, nossos ancestrais mais atrevidos que decidiram ficar de pé. Ao longo do tempo, desenvolveram-se espécies das quais, com certeza, você já ouviu falar, como o *Homo habilis*, o *Homo erectus*..., até chegar ao *Homo sapiens*, à qual pertencemos e que surgiu há aproximadamente 200 mil anos. Não somos tão velhos como parece: em termos de evolução, somos apenas bebês.

5.500.000 anos	200.000 anos	AGORA
Primatas hominídeos	***Homo sapiens***	
Pré-História	Paleolítico	

100.000 anos
Última evolução do cérebro
Science Advances, 2018

Estou contando isso por duas razões. A primeira é que, segundo vários estudos, a última evolução do cérebro humano ocorreu há aproximadamente 100 mil anos. Então, ainda estávamos no Paleolítico, na época da caça e coleta. O que isso significa? Quer dizer que nosso cérebro ainda não teve tempo de se adaptar a todas as mudanças tão vertiginosas que vivenciamos nos últimos cem anos (telefones celulares, computadores, TVs de plasma, internet...). Ainda temos um cérebro primitivo! E nos achávamos tão espertos...

A segunda razão é porque, por outro lado, continuamos vivos como espécie graças a esse maravilhoso cérebro que temos na cabeça. Pela seleção natural, temos esse, e não outro.

> É melhor que você saiba o quanto antes que a finalidade primordial de seu cérebro é sobreviver.

E qual foi o fator principal que nos fez sobreviver como espécie? Pois se segure que lá vai: o medo.

Por quê? Porque o estresse é a resposta natural ao medo ativada pelo organismo diante de uma ameaça que nos ajuda a responder da melhor maneira possível a um desafio ou perigo. Você já deve ter ouvido falar do mecanismo de luta ou fuga que ativa a ansiedade. Esse mecanismo nos prepara para a ação, seja ela fugir ou lutar diante de uma ameaça, que, no passado, poderia ser um mamute, um tigre ou alguém que queria roubar sua namorada.

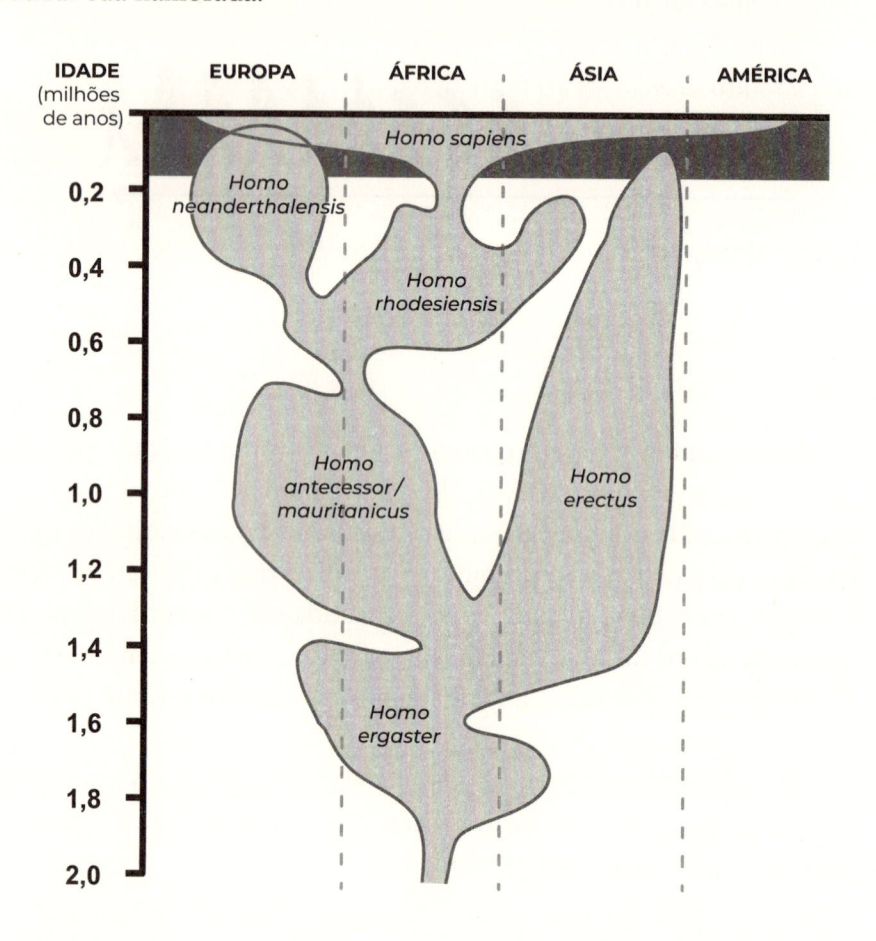

IDADE (milhões de anos)	EUROPA	ÁFRICA	ÁSIA	AMÉRICA
		Homo sapiens		
0,2	Homo neanderthalensis			
0,4		Homo rhodesiensis		
0,6				
0,8				
1,0	Homo antecessor/ mauritanicus		Homo erectus	
1,2				
1,4				
1,6		Homo ergaster		
1,8				
2,0				

Dessa maneira, a ansiedade é um mecanismo adaptativo de sobrevivência que, além de fazer com que a atividade mental aumente para encontrarmos a melhor solução perante um desafio, aguça a atenção e melhora a capacidade e a velocidade de decisão, fazendo-nos reagir rapidamente e sem pensar muito diante de uma ameaça.

> Graças ao fato de sentirmos medo, sobrevivemos como espécie e como indivíduos! Aposto que você já não se sente tão esquisito, não é?

Mas por que Ferran sentiu fisgadas no peito e dormência no braço naquela noite?

É fácil explicar isso. Para tanto, devo apresentar uma amiga minha: a amígdala. Espero que, a partir de agora, vocês se tornem íntimos, pois falarei muito dela ao longo deste livro.

A amígdala está situada no sistema límbico, uma parte muito primitiva do cérebro, e processa toda a informação que recebemos dos sentidos quando estamos diante de uma possível ameaça, decidindo se é perigosa ou não. Quando considera que se trata de um perigo, ela manda uma mensagem para outra parte do cérebro, chamada "hipotálamo". Essa é uma parte maravilhosa, pois também regula o sono, o sexo e a alimentação, fatores que são afetados quando temos ansiedade. Você verá como agora tudo vai começar a fazer sentido. Depois, o hipotálamo manda outra mensagem à hipófise, que a envia às glândulas adrenais, as quais secretam três hormônios que são liberados no sangue e chegam ao corpo todo para controlar a resposta ao estresse. Esses hormônios são a adrenalina, a noradrenalina e o cortisol.

Os dois primeiros fazem com que as pupilas se dilatem, a concentração de sangue nas extremidades, o consumo de oxigênio, o ritmo cardíaco e a transpiração aumentem, os músculos gastrointestinais relaxem e a pressão arterial se eleve, entre muitas outras coisas. O cortisol aumenta o nível de glicose no sangue a fim de nutrir o organismo, consome as reservas do corpo para liberar mais energia e diminui a resposta imunológica com o mesmo objetivo.

Ultimamente, também se tem falado de uma terceira opção, que é a de ficar paralisado. Logo falaremos sobre isso.

Todas essas funções fazem com que o corpo se prepare para atacar, lutar contra a ameaça ou fugir. No melhor dos casos, dar no pé.

A adrenalina e a noradrenalina são hormônios de ativação rápida, os primeiros a serem liberados no organismo. Quando Ferran entra no bar e precisa enfrentar a multidão para encontrar seus amigos, ele sente aquele

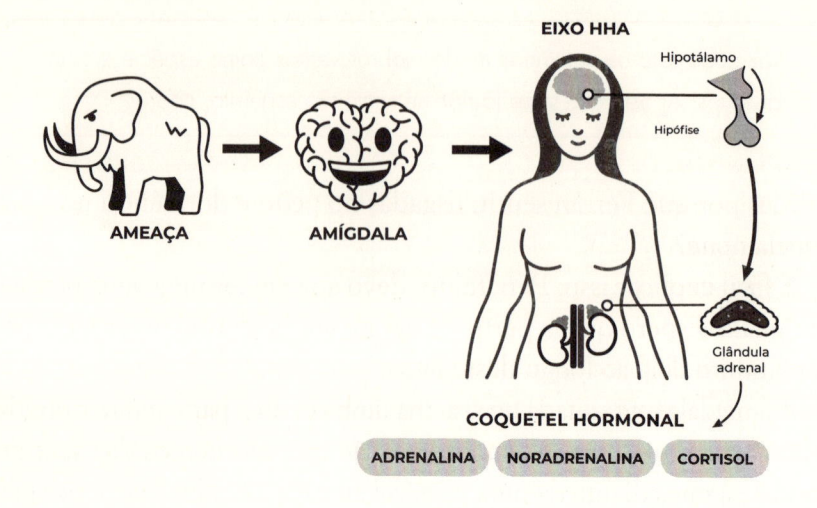

EIXO HHA
- Hipotálamo
- Hipófise
- Glândula adrenal

AMEAÇA → AMÍGDALA →

COQUETEL HORMONAL
ADRENALINA | NORADRENALINA | CORTISOL

pânico repentino que invade seu corpo em um segundo. Essa sensação é causada por esses hormônios, que levam de três a cinco minutos para deixar o organismo. Por outro lado, o cortisol, também chamado de "hormônio do estresse", demora mais para ser liberado e é distribuído pelo corpo quando as coisas ficam realmente sérias. Já não se trata de um simples susto, e sim de uma ameaça duradoura, como se fugíssemos de um tigre e precisássemos de muita energia para conseguir escapar. Espero que você nunca se veja nessa situação, na verdade.

Basicamente, o que o cortisol faz é pegar toda a energia que temos e bloquear tudo o que não é útil naquele momento, como os sistemas reprodutor, digestório ou imunológico, para poder sobreviver de qualquer forma. Deve-se considerar que, uma vez liberado, o cortisol leva algumas horas para deixar o organismo, e é por isso que os sintomas permanecem por algum tempo depois de cada crise. Agora você provavelmente deve estar pensando: "Eu tenho esses sintomas o dia todo." Já chegaremos a isso, que também tem uma explicação.

Tudo bem, a história do tigre deu para entender, provavelmente você já tinha ouvido falar sobre ela.

Mas e hoje em dia, que não temos nenhum felino nos perseguindo? Pelo menos onde eu vivo, eles não estão soltos pelas ruas. Atualmente, nosso tigre tem outra cara: o prazo de um relatório, uma discussão com o chefe ou o parceiro, a perda de um amigo, a precariedade do trabalho, uma doença...

> 98% das tarefas que provocam estresse são cotidianas.

Em geral, nos sentimos estressados quando achamos que não temos os recursos necessários para enfrentar uma situação. Um dos recursos que mais consideramos que nos falta é o tempo.

Estou certa de que, se você está lendo este livro, é porque é uma pessoa exigente. Acertei? Não é que eu seja vidente. As pessoas que sofrem de ansiedade aspiram a elevar suas capacidades a um nível tão alto de perfeição que acabam se estressando. Se esse é o seu caso, não se preocupe: mudar essa situação depende de você, como veremos ao longo do livro.

O cérebro tende a manter tudo sob controle, uma vez que isso garante nossa sobrevivência. Contudo, esse excesso, na tentativa de controlar tudo, pode nos levar a um estado agudo de ansiedade. Consequentemente, deixamos de aproveitar os momentos prazerosos. Isso foi justamente o que aconteceu com Ferran no bar.

Nossas experiências passadas, nossas crenças e nossa personalidade influenciam o grau de ameaça que percebemos em uma situação. Por isso, há pessoas que, diante da "mesma ameaça", não se sentem em perigo. Agora você já sabe por que seu colega de trabalho fica tão tranquilo enquanto você sua frio e se sente péssimo.

> Se mudamos nossa maneira de enxergar a realidade, podemos mudar nossa propensão a sofrer de estresse ou ansiedade.

Infelizmente, as más notícias não acabam por aqui, mas fique calmo porque as boas também chegarão mais adiante. Há outras coisas que podem nos causar estresse e que não estamos considerando, como ficar olhando para o celular o tempo todo ou deixar muitas janelas abertas no computador. Superestimular o cérebro causa estresse. Foi comprovado que, quando fazemos duas ou mais coisas ao mesmo tempo, não damos 100% de atenção, e a nossa eficácia é reduzida. Por exemplo, ler e escutar são tarefas que envolvem as mesmas áreas do cérebro. Não podem ser bem-feitas se forem realizadas ao mesmo tempo. Há outras atividades, como ler e ouvir música, que não precisam das mesmas conexões para serem processadas e podem ser realizadas ao mesmo tempo, ainda que, como dito, você não esteja prestando toda a atenção a nenhuma das duas.

E qual é o problema disso tudo? É que o cérebro interpreta com perigo qualquer estímulo que nos provoca inquietude e responde como se estivéssemos diante daquele tigre ou mamute de milhares de anos atrás, ou seja, com o mecanismo de luta ou fuga: ativando a amígdala e liberando todos os hormônios dos quais falamos antes. E aí está tudo pronto para o show!

SANTANA QUER ME MATAR

Passada a minha primeira crise, a ansiedade decidiu que nossa relação não seria distante, mas sim dessas que sufocam e criam dependência.

Havíamos acabado de passar por uma virada de século e, no rádio, não parava de tocar "Corazón Espinado", de Carlos Santana. Essa música me incomodava. Claro que eu adorava o solo de guitarra do artista, e também não achava a música ruim, mas minha cabeça me fazia pensar cada vez mais nas fisgadas que eu sentia no coração. "O meu, sim, é um coração machucado, e não o desse cara que canta", pensava.

Desde minha primeira crise, aquele maldito aperto no peito não tinha passado e as fisgadas aumentavam a cada dia. Se bem me lembro, foi naquele ano que comecei a trabalhar em uma famosa loja de roupas no Passeig de Gràcia. Eu tinha começado a estudar Audiovisual à tarde e, para poder pagar o curso, procurei um trabalho pela manhã. O salário não era alto, mas era o suficiente para tudo o que eu necessitava. A crise econômica de 2008 ainda não tinha acontecido, então, avaliando agora o meu salário da época, posso garantir que era um dinheirão comparado com o que é pago hoje pelo mesmo trabalho.

A única coisa que me pediam era que eu soubesse dobrar jeans e que vendesse o máximo possível de calças a qualquer vítima que entrasse por aquela porta de correr. Sempre tinha sido bom nisso de insistir e, se eu acreditasse no produto que estava vendendo, não tinha nenhum problema em contar aos outros todos os benefícios que eles poderiam obter ao comprá-lo. Agora, pensando melhor, acho que continuo fazendo o mesmo, mas com um produto que realmente pode transformar vidas. Bem... já, já chegaremos a esse ponto.

Como eu ia dizendo, havíamos acabado de fazer o *unboxing* do novo século, e eu estava na casa dos vinte e poucos anos. Mas como estava minha ansiedade naquele momento?

Estava mal, muito mal. Todos os dias eu me levantava e ia dormir com os mesmos sintomas: fisgadas no peito, um aperto terrível e o braço dormente. O pior de tudo é que eu tinha me acostumado a viver com aquilo. E isso é muito perigoso, porque se acostumar a algo assim provoca muito cansaço, e o esgotamento acaba em depressão, até que, um dia, você deixa de ter vontade de viver. Cheguei a esse ponto na vida mais jovem do que você pode acreditar: mais adiante, eu gostaria de refletir sobre isso. Mas voltemos àquele momento do qual eu estava falando.

Um dia comum em minha vida seguia este padrão: eu começava a trabalhar às dez da manhã, então, correndo contra o tempo, me levantava meia hora antes e tomava um café enquanto me arrumava. Em menos de vinte minutos, estava na moto a caminho do trabalho. Começava minha jornada e fazia todas as tarefas repetitivas e tediosas que mandavam até a hora em que era liberado.

Durante esse tempo, as fisgadas sempre se intensificavam, sobretudo em época de liquidação, quando eu tinha que atender a cinco pessoas ao mesmo tempo.

Às duas da tarde, eu subia na moto que me levava de um lugar a outro em alta velocidade (ou isso é no que eu acreditava), em direção à casa dos meus pais. Quando eu chegava, a comida estava servida. Eu não degustava exatamente, só engolia ao estilo "Come-Come" com seus biscoitos, pois, às três, começava minha primeira aula na universidade; isso me dava uma margem de dez minutos, no máximo, para comer e dez para chegar e colocar a bunda na carteira. Não sei como eu conseguia, mas sempre chegava na hora. Bom, sim, o preço, sem dúvida, era minha saúde.

As aulas iam até nove da noite. Quando terminavam, eu ainda achava que tinha tempo para o lazer. Como não? Minha recompensa por um dia inteiro de trabalho e estudo eram os amigos, as cervejas e o futebol. Sim, eu ainda ficava preso nisso.

Durante as aulas, as fisgadas diminuíam e se transformavam em cólicas incômodas que me faziam levantar a mão várias vezes durante a tarde para pedir licença e ir ao banheiro. Sentado no vaso sanitário frio, não conseguia fazer nada, e por isso suspeitava que algo não estava certo. Acredito que a ansiedade faz com que exploremos nossos medos até esse ponto. Já abordaremos esse assunto. Agora quero que você entenda o que é a ansiedade generalizada e que Sara conte o que acontece em nosso cérebro quando ela se manifesta.

Não pense que, quando as aulas acabavam e eu ia para a farra com meus amigos, a ansiedade desaparecia ou diminuía, de forma alguma. A dor de cabeça e as fortes fisgadas que eu tentava acalmar com o álcool me atacavam toda noite. Durante esses anos, até que a bebida não me deixasse cambaleante, os sintomas continuavam ali. Quando eu chegava em casa, a rotina era tomar um banho e um sonífero e ir dormir. No dia seguinte, tudo recomeçava.

A coqueteleira hormonal

O que acontece se sentirmos muita ansiedade ou muito estresse por um período prolongado? A amígdala será ativada constantemente e o coquetel hormonal que o corpo prepara como um experiente bartender começará a nos sobrecarregar. Se esse estado se estender no tempo, acabaremos sofrendo do mesmo que Ferran sofreu naquela época de sua vida: transtorno de ansiedade ou ansiedade generalizada.

> O transtorno de ansiedade pode surgir devido a uma situação pontual ou um evento traumático que gera uma emoção tão intensa que fica gravada de forma muito acentuada no cérebro e, a partir daí, permanece com você.

A ansiedade generalizada ou o transtorno de ansiedade são definidos como um estado de alta tensão prolongado no tempo que se manifesta na ausência de uma ameaça imediata ou aparente. Quando sofremos de ansiedade, nós nos sentimos o dia todo em pânico, muitas vezes sem razão alguma. Depois eu conto por que isso acontece.

Em uma situação de ansiedade generalizada, a amígdala está alteradíssima por causa da hiperativação. Nesse estado, perde a capacidade de distinguir se o estímulo é realmente ameaçador ou não. Então, por via das dúvidas, sempre acaba tendendo a "se borrar de medo", identificando como uma ameaça tudo aquilo que possa ser.

O cérebro se torna conservador. De fato, um clássico incorrigível.

Se a amígdala fica o tempo todo se ativando, os níveis dos três hormônios dos quais falamos antes aumentam excessivamente no organismo.

Esse excesso causa uma sintomatologia que talvez lhe pareça familiar:

- Hipertensão
- Dores de cabeça, enxaquecas
- Dor muscular, bruxismo
- Náuseas, enjoos
- Visão turva, tremor nas pálpebras
- Queda de cabelo
- Aperto no peito
- Sensação de sufocamento e nó na garganta
- Parestesias
- Pele seca
- Problemas na tireoide
- Apatia, cansaço extremo
- Problemas estomacais
- Irritabilidade
- Alterações do sono
- Alteração no ciclo menstrual
- Transtorno alimentar
- Bloqueio mental
- Deterioração do sistema imunológico

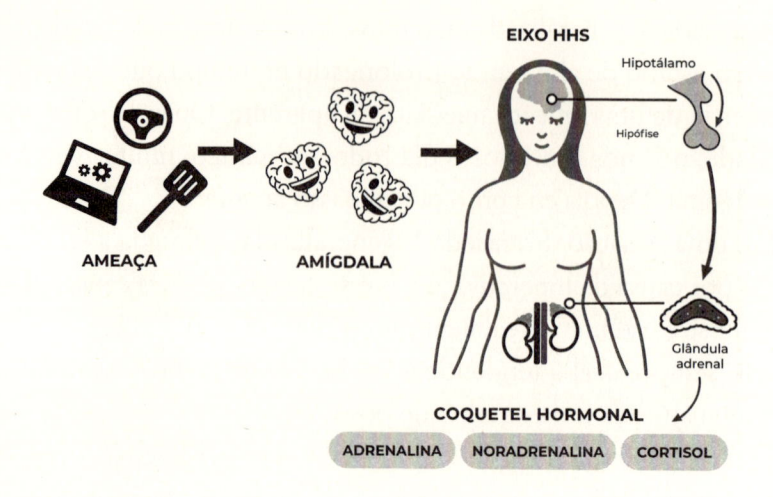

EIXO HHS
Hipotálamo
Hipófise
AMEAÇA
AMÍGDALA
Glândula adrenal

COQUETEL HORMONAL
ADRENALINA   NORADRENALINA   CORTISOL

Suponho que, infelizmente, quase todos esses sintomas sejam familiares para você. De maneira concreta, estar intoxicado pelo cortisol é o que, com o tempo, pode causar mais dano ao organismo, já que, como vimos antes, isso bloqueia o sistema imunológico, que por sua vez acaba se deteriorando, o que aumenta as probabilidades de padecer de alguma doença.

O cortisol também pode ser o responsável por você não dormir bem, já que, junto à melatonina, regula o ciclo de vigília e sono. Em condições normais, esses dois amigos agem de maneira oposta: quando acordamos, o cortisol começa a aumentar, dando-nos energia e ânimo. Esse hormônio está em seu auge ao meio-dia e depois começa a diminuir para que possamos relaxar e dormir bem ao cair da noite. Enquanto isso, a melatonina faz o oposto, reproduzindo o ciclo ao contrário.

Mas o que acontece quando alguém sofre de ansiedade? Bem, o excesso de cortisol à noite faz com que seja mais complicado pegar no sono. Isso era exatamente o que acontecia com Ferran e, por isso, ele não conseguia dormir sem tomar um sonífero.

Mais adiante, dedicaremos um capítulo ao tema do sono. Sabemos que é imprescindível falar sobre isso, mas trata-se de um assunto extenso, já que existem outros fatores que podem influenciar a falta de um descanso adequado.

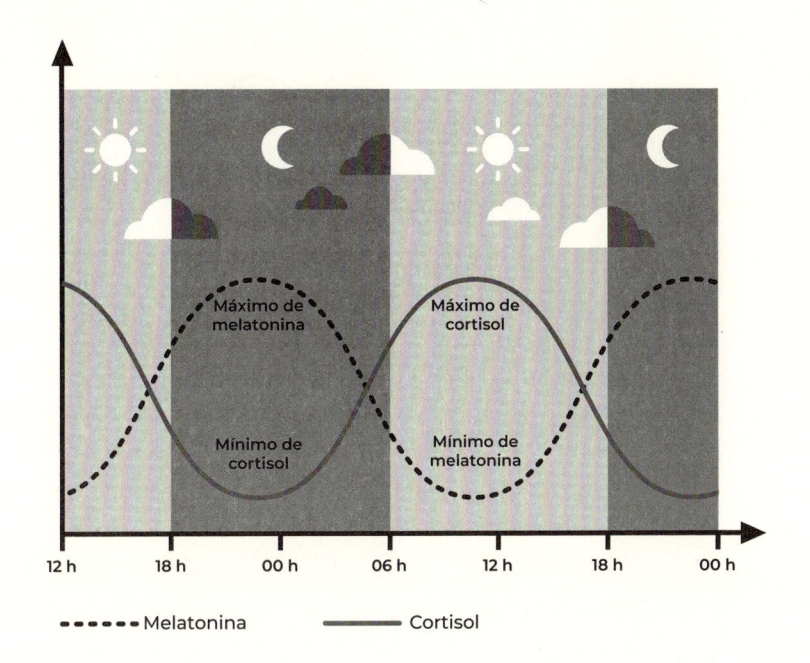

Máximo de melatonina

Máximo de cortisol

Mínimo de cortisol

Mínimo de melatonina

- - - - - - Melatonina   ——— Cortisol

2

O que mudou em meu cérebro?

CONFISSÕES NO MEIO DA TARDE

No dia em que Julia me convidou para um café, fazia cinco anos que meus enjoos e fisgadas no peito me acompanhavam dia e noite.

Em todas as minhas conferências, explico que uma das piores coisas que fiz com minha ansiedade foi escondê-la durante tempo demais. Hoje, estou expiando meus pecados e conto sem problemas minha história diante de centenas de pessoas.

Acredito que eu não fazia isso deliberadamente. Em parte, suponho que um garoto de vinte anos não quer que seus amigos o vejam como um inútil. Eu me lembro perfeitamente do dia em que Julia se aproximou de mim depois da aula de grego e disse:

— Você está pálido. Está tudo bem?

Quando sua cervical está travada, a sensação é de que você está flutuando como Armstrong no dia em que deu aquele primeiro passo na Lua. Não me lembro da cara que ele fez, mas estou convencido de que, sim, eu estava pálido como papel.

— Sim, estou bem, obrigado — respondi enquanto exibia minha expressão mais sedutora.

— Quer tomar um café depois da aula?

Eu me lembro muito bem da minha antiga colega de classe, uma moça muito carinhosa e bastante popular na universidade. Além disso, eu a achava muito bonita. Não estava nem de longe em meu melhor momento, mas, quando a menina de quem você gosta propõe um café, é uma má decisão recusar o convite, então aceitei.

As palpitações haviam aumentado minutos antes de eu chegar ao encontro, e eu sentia como se meu coração fosse sair do peito e me dizer: "Até logo, cara, estou indo nessa, fique com suas merdas."

Contudo, mantive-o em seu lugar e entrei na cafeteria.

Era um local que eu conhecia bem, porque todos os estudantes iam para lá depois das aulas. Conhecer o campo de batalha me tranquilizava; eu sabia bem onde era o banheiro e a saída, o que eu sempre procurava manter sob controle em todo lugar aonde ia. Por outro lado, porém, o fato de as mesas ao redor estarem repletas de colegas fofoqueiros ávidos para ver como meu encontro se desenrolava fazia com que eu me sentisse muito pior.

Passamos um longo tempo falando sobre o campus e nosso futuro profissional, mas em algum momento ela percebeu que algo não estava bem.

— Está prestando atenção em mim? Você não para de olhar em volta. Escute, faz um tempo que você está estranho. O que está acontecendo? — disse Julia.

— Na verdade — minha voz tremeu —, não sei muito bem, estou nervoso, sinto pontadas no peito e uma espécie de embriaguez constante, como se na realidade eu não estivesse aqui.

Não sabia como explicar melhor porque não fazia nem ideia do que era a ansiedade e de como funcionava. Se eu pudesse voltar àquele exato instante agora, daria a Julia uma *masterclass* sobre o tema. Naquele momento, ela não me entendeu e consertou as coisas com um belo sorriso de cumplicidade. Não tenho mais lembranças de Julia desde aquela tarde, então suponho que tenhamos nos distanciado de repente, assim como aconteceu depois entre mim e muitos outros colegas.

De um cérebro-Sauro a um Homo-cérebro

É evidente que Ferran não fazia nem ideia do que era a ansiedade naqueles primeiros anos em que combatia esse transtorno. Em seu favor, também digo que, na primeira década do século XXI, falava-se muito menos de tudo isso do que hoje. Não se preocupe, pois não vou deixá-lo sem essa informação. Gostaria de começar mostrando as alterações que ocorreram no cérebro humano nessas últimas centenas de anos, mas antes é necessário que você conheça algumas partes desse órgão, o que será de grande ajuda para entender o que está acontecendo com você. Para isso, gostaria de apresentar-lhe um colega norte-americano, o doutor Paul MacLean (1913-2007).

O neurocientista explicou, de maneira muito simples e útil, como seu cérebro funciona segundo a teoria evolutiva do cérebro trino.

Em nível evolutivo, o cérebro pode ser dividido em três partes:

1. Cérebro reptiliano
2. Cérebro emocional
3. Cérebro racional ou humano

De modo geral, apresento a você as características mais importantes de cada parte:

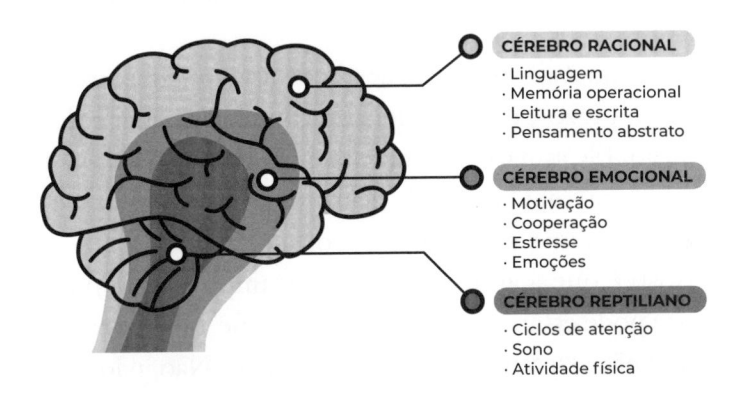

CÉREBRO RACIONAL
· Linguagem
· Memória operacional
· Leitura e escrita
· Pensamento abstrato

CÉREBRO EMOCIONAL
· Motivação
· Cooperação
· Estresse
· Emoções

CÉREBRO REPTILIANO
· Ciclos de atenção
· Sono
· Atividade física

Primeiro foi criado o cérebro reptiliano, formado pelo tronco encefálico, comum a todos os mamíferos e répteis. Seu papel é regular as funções básicas do corpo, como a respiração, as batidas do coração e o metabolismo. Também é responsável pelas ações automáticas, as habilidades que dominamos e as respostas reflexas e involuntárias.

Dentro dessa parte do cérebro, encontra-se o famoso cerebelo, que, entre outras coisas, aperfeiçoa os movimentos motores e é importante para o aprendizado de tarefas que são executadas automaticamente, como andar de bicicleta e dirigir. Poderíamos pensar que toda essa estrutura é inconsciente, mas não é. Dentro desse cérebro reptiliano está o mesencéfalo, outra palavrinha difícil de lembrar. O mesencéfalo é crucial para a consciência e interessa muito aos ansiosos, porque é onde encontramos uma estrutura de neurônios, o sistema ativador reticular ascendente (SARA), que vai até o tálamo e funciona como interruptor do nível de consciência. A falha desse sistema produz alterações no sono ou até mesmo coma e estado vegetativo. Coisa pouca.

Se seguirmos avançando na análise da evolução cerebral, veremos que, um tempo depois, desenvolveu-se o cérebro emocional, formado pelo sistema límbico. Ainda há controvérsias sobre quais partes do cérebro formam esse sistema, mas, se temos certeza de algo, é de que a amígdala, o hipocampo, o hipotálamo e o tálamo estão incluídos. De todos esses nomes que parecem os de vilões da Marvel, quero que você guarde dois: amígdala e hipocampo.

A amígdala atua como uma indústria química e gera emoções como prazer e medo. É também responsável por nossa sobrevivência, já que ativa o mecanismo de luta ou fuga.

O hipocampo é a zona encarregada de armazenar sobretudo a memória de curto prazo e está relacionado com a capacidade de aprendizado e atenção. Ele armazena os acontecimentos perigosos na forma de lembranças que nos ajudam a agir diante das ameaças. Por exemplo: se eu atravessar a rua no sinal vermelho, vou ser esmagada.

O curioso é que a amígdala e o hipocampo estão unidos um ao outro, e você pode estar se perguntando por quê. Será porque se amam loucamente e não querem soltar nunca as mãos? Não, não é isso. Até o momento não se tem conhecimento de nenhuma relação patológica de dependência entre eles. Estão unidos porque, diante de uma ameaça, o cérebro faz uma análise comparativa entre a nova situação e as lembranças armazenadas. O resultado determina a resposta.

Eu me lembro de quando era pequena, devia ter uns três anos, e vi pela primeira vez uma chaminé em uma casa de campo na qual fui passar as festas de fim de ano com minha família. Atraída pela curiosidade de uma futura cientista, quis comprovar empiricamente o que acontecia quando se tocava o fogo. A partir desse dia, meu cérebro armazenou essa informação para que assim, em uma nova situação em que o fogo esteja presente, eu saiba que não devo tocá-lo. Se voltei a me queimar alguma outra vez na vida, posso garantir que foi sem querer.

A conexão entre a amígdala e o hipocampo é o que faz com que uma lembrança fique gravada com sua carga emocional. Há coisas que devem ser lembradas não tanto no que se refere à "dor física", mas no que diz respeito à "dor emocional". Se alguém me excluir de um grupo ou se o meu companheiro me maltratar, eu vou guardar isso como uma memória carregada de uma emoção negativa. Essa lembrança me ajudará a discernir a próxima vez que não deverei me juntar a essas pessoas. Dizem que há pessoas que necessitam tropeçar várias vezes na mesma pedra para que esse mecanismo funcione. É possível que isso seja verdade.

Seguimos avançando em direção àquela parte da qual nos orgulhamos tanto como espécie: o raciocínio.

O cérebro racional encontra-se no córtex cerebral, ou neocórtex. É o responsável pelos programas mentais mais complexos: linguagem, compreensão, cultura, raciocínio, pensamento abstrato...

No elenco dessa obra shakespeariana, há um personagem principal que você precisa guardar: o córtex pré-frontal, que fica bem atrás da testa. É a peça-chave de tudo o que nos diferencia do restante dos animais e está relacionado a atividades cognitivas complexas: o planejamento de ações, a seleção da conduta adequada para cada contexto social, o direcionamento da atenção, a escolha de objetivos, a autorregulação, o autocontrole, a tomada de decisões... Definitivamente, é imprescindível para sobreviver, por exemplo, a um jantar elegante com regras de etiqueta.

O córtex pré-frontal foi a última parte que se formou no cérebro.

> Só tomamos consciência de alguma coisa quando essa coisa passa pelo córtex pré-frontal.

Como estão relacionados

A relação entre o sistema límbico e o córtex pré-frontal é essencial. Essa conexão é que faz com que você seja capaz de racionalizar suas emoções e não se deixe levar por elas. Digamos que, se existe pouca conexão, a pessoa é mais agressiva, impulsiva e "inconsciente", ou seja, mais primitiva. É possível que, na vida, você tenha cruzado com alguém assim – há casos de sobra no Tinder.

Não sei se você conhece o caso de Phineas Gage. Caso não conheça, é imprescindível que pesquise sobre ele, pois é uma história brutal.

Phineas P. Gage trabalhava meio período limpando as ruas de Cavendish e, no resto do dia, na construção da linha férrea da cidade. O sr. Gage faleceu no dia 21 de maio de 1860, nas proximidades de São Francisco, muito antes de que os hippies invadissem a cidade, mais ou menos doze anos depois do dia em que deveria ter morrido, mas se salvou.

Conta a história que nosso protagonista brincava com pólvora, uma rocha e uma barra de ferro. Agora não me lembro muito bem qual era seu objetivo com essa combinação diabólica de objetos. O fato é que, com a barra cravada na rocha e o explosivo no meio... bum! A barra disparou em direção ao céu, decidindo, antes, atravessar a cabeça de nosso amigo.

O ferro atravessou o cérebro de Phineas de baixo para cima, ficando alguns metros para fora, cheio de sangue e miolos. Mas a morte não visitou Gage nesse dia; apareceu muitos anos depois. O que a barra fez foi tocar a conexão entre o sistema límbico e o córtex pré-frontal, de modo que o bom Phineas Gage, antes amável, compreensivo e amigo de seus amigos, se tornou em um ser teimoso, irreverente e desrespeitoso com os companheiros.

Eu adoro essa história totalmente surrealista. Se você pesquisar na internet, vai ver que há fotos do sr. Phineas posando com a barra que atravessou seu cérebro. Pelo visto, ele a levava para todos os lugares, como se fosse o bastão de Gandalf. A questão é que, graças à história de Phineas Gage, posso falar um pouco sobre o inconsciente.

O DIA EM QUE ROUBEI UM BANCO

Um dos piores empregos que tive para ganhar um salário foi em uma empresa de montagem e desmontagem de espetáculos culturais.

Essa empresa ficava com todos ou quase todos os espetáculos que eram realizados em Barcelona. Não vou dizer o nome, mas, se você for a algum show na cidade, verá seu logo em todos os lugares.

Comecei a trabalhar com eles na primeira edição de *Operación Triunfo*, um programa de TV musical que fez muito sucesso em 2001. Dele, saíram cantores como Bustamante, Bisbal, Chenoa e Rosa de España, para que você tenha uma ideia. Era um trabalho muito braçal. Precisávamos montar os cenários antes das apresentações e desmontá-los quando tudo acabava. Devo dizer que tinha suas vantagens, como conhecer os artistas e poder falar com eles cara a cara. Achei Bustamante, por exemplo, um cara muito simpático. Esse trabalho também me deu a oportunidade de estar perto do AC/DC, uma banda que eu amo.

Nessa época, eu já sofria com grandes crises de ansiedade, e não sei o que acontece quando alguém está fodido desse jeito, mas o fato é que, se você perde a cabeça e perde a capacidade de raciocínio, deixa de saber o que está certo ou errado e age por impulsos emocionais. No meu caso, quando tudo estava resolvido, me vinha essa sensação horrível no peito. Vou explicar.

Durante o tempo em que trabalhei para essa empresa, fui alocado na CaixaForum, um museu com exposições temporárias onde também são realizados todos os tipos de espetáculos e oficinas. No dia em que me designaram para esse trabalho, fiquei muito contente, pois eu adorava a ideia de participar de um espaço cultural daquela categoria e ver como funcionava por dentro um lugar tão atrativo. Na minha cabeça, só poderia estar no comando de um lugar como aquele filósofos superinteressantes e artistas boêmios que decidiam como fazer a arte e a cultura chegarem ao mundo.

Depois de algumas semanas trabalhando lá, eu pensei: "Este lugar é comandado por banqueiros, economistas e garotos engravatados formados na Esade e que nunca gostaram de arte na vida; a única intenção deles é enriquecer." Não estou contando isso porque é minha opinião, e sim porque tem relação com o que eu fiz quando tinha isso na cabeça.

Comentei com você como nos tornamos impulsivos e emotivos quando sofremos de ansiedade generalizada durante anos. Naquele momento, eu havia experimentado uma transformação do mesmo tipo da de Phineas Gage, o caso que contei na seção anterior.

Um dia, no final de dezembro, foi realizada uma ceia de Natal na CaixaForum apenas para os altos executivos do museu. Alguns dos operários estavam servindo as mesas, e, no meu caso, eu estava montando o evento e esperando que terminasse para desmontá-lo. Depois de um jantar digno de três estrelas Michelin, cada um dos executivos foi presenteado com uma cesta de Natal, composta por um projetor, um tablet e algumas outras coisas das quais não lembro. Estamos falando do ano de 2001, para que você tenha uma ideia do preço dessa cesta. Dois executivos não puderam estar presentes, então sobraram duas cestas. De maneira impulsiva, meu colega e eu pegamos uma para cada um. "Nós merecemos isso, ralamos o dia inteiro para essa gente", devemos ter pensado. Pegaram a gente, claro, o lugar estava cheio de câmeras de vigilância. Tivemos que devolver e fomos demitidos. Por sorte, não fomos denunciados à polícia.

Foi a primeira vez que roubei algo na vida, pelo menos algo de tanto valor. Quando era pequeno, dos três aos doze anos, estudei em uma pequena escola em frente ao parque Güell. Meus colegas de turma e eu costumávamos entrar com as calças dobradas até os joelhos dentro da fonte do dragão. Não sei se você conhece esse famoso parque de Barcelona, mas, na entrada principal, há uma fonte formada por um lago com uns dois palmos de profundidade e um dragão que cospe água ao estilo de Gaudí no meio. Os turistas estrangeiros jogavam moedas na água porque acreditavam que isso traria sorte, e nós as pescávamos para poder comprar guloseimas na loja duas ruas abaixo. Até aquele dia, minha ficha criminal consistia nisso.

Minha ansiedade aumentou bastante depois daquilo, e eu comecei a sentir os primeiros sintomas de dormência nos braços, que logo se transformaram em paralisia. Precisei de muito tempo de terapia para me perdoar por aquele ato, pois me sentia péssimo pelo que havia feito.

Não era minha forma de agir, mas agora entendo muitas coisas: eu precisava sair daquele inferno de trabalho e não tinha coragem de deixá-lo, então, de alguma maneira, minha ansiedade me ajudou a fazer isso. Talvez não tenha sido a melhor maneira, com certeza não foi. Mas, pensando sobre o assunto com certo distanciamento, não deixa de ser uma vivência a mais. Não permita que o medo o leve a esses extremos. As coisas podem ser resolvidas de outra maneira, sem que o entorno seja prejudicado.

Tudo aquilo que faço sem perceber

Um dos transtornos que têm acometido o cérebro nos últimos anos é a constante hiperativação da amígdala.

Mas qual é a implicação disso na prática?

Bem, além de tudo o que já vimos, como o fato de a amígdala ser a parte "emocional", ela também incrementa a impulsividade, faz com que não racionalizemos as coisas tão bem e que nos deixemos levar mais pelas emoções. Isso foi exatamente o que aconteceu com Ferran quando ele deu seus primeiros passos como ladrão de colarinho branco. Em princípio, poderíamos ver a situação como algo positivo: deixar-se levar por uma emoção como o amor tem suas recompensas.

> Quando você sofre de ansiedade, a emoção que prevalece em seu corpo é o medo, e nele se baseiam todas as decisões que você toma.

Isso faz com que seja muito difícil avançar, já que o medo obscurece o caminho. Ver-se estagnado, dependente dos outros, faz com que você ocupe um lugar pequeno em seu mundo físico e pessoal; isso vai embotando-o por dentro, e você acaba desgastado e irritado emocionalmente, o que o leva, muitas vezes, a cometer bobagens que não pensava em fazer de maneira racional.

Além disso, o fato de decidir tudo impulsivamente o leva a cair nos piores hábitos para o corpo e para o cérebro. Você busca a gratificação instantânea porque não consegue ver mais além, não vislumbra a gratificação em longo prazo que está associada a esse "cuidar-se de verdade". Decide diminuir a ansiedade comendo um pedaço de chocolate, fazendo compras ou tomando umas cervejas com os amigos. O açúcar, assim como o álcool e o consumo compulsivo, cria dependência e logo deixa um sabor de culpa no corpo.

Isso é justamente o que Ferran contou que acontecia com ele quando saía com os amigos depois das aulas na universidade. No fundo, você não quer voltar a fazer aquilo, mas, no dia seguinte, volta a acontecer e você se vê novamente procurando na geladeira aquela porcaria que sabe que não vai lhe fazer nada bem. Como veremos mais adiante, a falta de controle acontece porque a amígdala se transformou em uma pequena ditadora em sua cabeça.

> O que o cérebro busca a todo momento é neutralizar uma situação. Quando você toma uma decisão, o que quer é sair do estado negativo em que se encontra; por isso vai atrás do chocolate, porque está se sentindo mal e quer aplacar esse sentimento, se sentir bem já!

Enquanto estamos nesse estado de ansiedade, procuramos a satisfação em curto prazo, motivados, em grande medida, pela busca do prazer e da fuga da dor.

Ainda me falta explorar as zonas cerebrais que são afetadas quando sofremos de ansiedade. Tenho consciência, enquanto escrevo isto, de que talvez toda esta informação pareça meio chata para você. Mas aguente, logo falaremos de soluções e o ajudaremos a renovar as energias. De toda forma, quero lembrar a você que, segundo o método *Bye bye ansiedad* de Ferran, o primeiro nível a alcançar para superar a ansiedade é a informação. Saber o que acontece e por que nos acontece nos tranquiliza e nos faz conhecer nosso inimigo; assim é muito mais fácil vencê-lo no dia em que subirmos no ringue.

Falemos, então, do hipocampo. Já vimos que é ele quem armazena os acontecimentos perigosos em forma de lembranças e nos ajuda a agir diante das ameaças. Em uma situação de perigo, o cérebro faz uma análise comparativa entre a nova conjuntura e as "lembranças" que temos guardadas, e assim a resposta diante da ameaça será baseada na experiência. Vejamos um exemplo para entendermos melhor. Quando eu era criança, toquei o fogo e me queimei; o hipocampo guardou na memória esse acontecimento para que, na próxima ocasião, eu soubesse que "o fogo queima" e não morresse. Toda vez que me aproximo do fogo, meu hipocampo salta, alarmado, uma vez que, como você já sabe, o objetivo único do cérebro é sobreviver. Ferran não tinha nenhuma referência do que poderia acontecer com ele caso cometesse um delito. Depois de ver o resultado, nunca mais fez aquilo.

Se nos sentimos constantemente ameaçados, o hipocampo fica o tempo todo ativo, procurando situações similares em seu baú de lembranças para poder combater a atual. Essa hiperativação faz com que o hipocampo seja reduzido, o que causa perdas de memória, problemas de concentração, alteração na capacidade de aprendizagem e desorientação, entre outras consequências. Isso já lembra seus sintomas de ansiedade, não é verdade?

> Quando sofremos de ansiedade, o cérebro (a amígdala e o hipocampo) é alterado. Isso faz com que ele esteja sempre em modo de alarme, liberando muito mais cortisol do que o necessário diante de ameaças menores. A memória e a capacidade de aprendizagem também são afetadas!

Por último, o córtex pré-frontal, a parte racional do cérebro, perde o controle da parte emocional (a amígdala), o que faz com que você perca a noção do que é certo, do que deve fazer. Quando isso acontece, fica mais complexo tomar boas decisões, considerar todos os pontos de vista possíveis, prestar atenção, organizar bem as tarefas diárias e ter a capacidade de resolver problemas, entre eles o de ter ansiedade.

ISSO TAMBÉM NÃO FUNCIONA, QUE AZAR

— Você já tai chi alguma vez? — perguntou o mestre quando me viu pela primeira vez.
— Não — respondi.
E passei a hora seguinte estático, como se estivesse abraçando uma árvore imaginária no canto do tatame.
Já fazia algum tempo que eu tinha iniciado minha busca a fim de sair da ansiedade quando fui parar nas aulas de tai chi chuan. Minha mãe já praticava havia alguns anos e tinha recomendado que eu fosse testar, então aceitei a sugestão.
A academia ficava em um antigo apartamento no bairro Eixample, desses enormes que têm um grande espaço aberto interior. Na entrada, duas imagens em forma de tartaruga e dragão convidavam a atravessar

um longo corredor cheio de espadas e quadros de senhores asiáticos até chegar a uma grande sala.

Ali, um grupo de jovens praticava uma curiosa dança parecida com o kung fu, que eu já tinha visto quando era criança nos filmes de Jackie Chan.

Fiquei observando por um momento aquele movimento suave e fluido. Eu me lembro de ter notado que muitos dos alunos, todos mais velhos que eu, fechavam os olhos durante a prática, como se estivessem em transe.

Depois de um tempo, o mestre Lee se aproximou (adorei o fato de o nome dele ser igual ao do ator de cinema; agora sei que Lee é tão comum como João, meio mundo se chama assim). Ele perguntou se eu sabia do que se tratava tudo aquilo. O sr. Lee era um homem peculiar, mais velho e com um enorme cavanhaque que pendia do queixo. Mostrava os dentes amarelos sempre que sorria, enquanto mantinha um fino cachimbo de bambu na boca.

— Você não respirar bem — me disse em seu castelhano robótico.
— Você fazer árvore.

Passei minha primeira semana de tai chi em um canto da sala adotando a forma de árvore e respirando, enquanto os outros faziam aquelas danças tão legais na minha frente. Quase larguei no segundo dia.

Mas o certo é que, graças a essa prática, aprendi duas coisas: a escutar meu corpo e a respirar de maneira diafragmática. Contarei meus avanços quando Sara tratar desse assunto. Mas, por enquanto, permita-me que eu chegue até onde quero com minha história.

Passei um ano inteiro tendo aulas com o mestre e o restante dos alunos. Depois de uma semana, ele me tirou do canto, e comecei a fazer o que ele chamava de a forma de treze do professor Cheng. Continuo praticando até hoje todas as manhãs. Meus sintomas começaram a diminuir em poucas semanas e, dentro de alguns meses, desapareceram por completo. Eu só poderia estar alucinando, já havia tentado de tudo: medicação, horas intermináveis com a psicóloga, florais de Bach, ervas milagrosas, mas nada funcionava. Eu tinha encontrado a solução!

Vou dar um spoiler antes que você feche o livro e corra para a internet em busca da academia de tai chi chuan mais próxima. Isso também não funcionou, e vou contar por quê.

Com os anos, descobri que as coisas não funcionam se são feitas de maneira pontual. O tai chi chuan, o qigong, a ioga ou a meditação são muito bons para acalmar os sintomas da ansiedade, mas só quando praticados todos os dias.

Há anos, uma das classes que mais gosto de ministrar é a de hábitos, justamente porque é quando começo a ver resultados em meus alunos. Já ensinarei como implementá-los, e você também começará a melhorar. No entanto, antes, eu gostaria que você entendesse por que isso acontece.

Foi Sara quem me deu a resposta no dia em que começou a me falar sobre conceitos como neuroplasticidade e conexões neurais.

Kamehameha cerebral

Sei que há muitas perguntas sem resposta; prometo que responderei todas, mas já que Ferran passou a bola para mim, aproveito para começar falando da neuroplasticidade e dos circuitos neurais. Neuroplasticidade é um conceito que está muito na moda. O fato de que o cérebro é capaz de ir criando e eliminando conexões, e de que está em constante mudança, talvez já não lhe pareça algo surpreendente, mas é, e muito.

> As conexões que você mais utiliza vão se reforçando, enquanto aquelas que não são tão úteis vão enfraquecendo até desaparecer.

Até relativamente poucos anos atrás, nós, cientistas, estávamos focados apenas no estudo dos neurônios e não prestávamos tanta atenção às conexões. Sabíamos que nascemos com muitíssimos neurônios (uns 100 bilhões) e que, com o tempo, nós os perdemos (a cada dia morrem uns 100 mil), uma vez que os neurônios não se reproduzem. De fato, pensávamos que apenas as crianças e os adolescentes podiam aproveitar o máximo potencial do cérebro, já que, quantitativamente, são os que têm mais neurônios.

Contudo, agora sabemos que as conexões são as peças-chave do cérebro, o que nos distingue uns dos outros. Graças à neuroplasticidade, o cérebro pode evoluir mais do que imaginávamos.

> Essa história de que utilizamos apenas uns 10% do cérebro não é verdade; na realidade, em termos evolutivos, não faria sentido deixar 90% do cérebro sem uso. Ainda mais considerando o tanto que ele consome!

Isso nos mostra como a informação pode condicionar as pessoas. Pensar "Meu cérebro não pode mudar" talvez tenha condicionado meus pais a usarem isso como pretexto para repetir as mesmas condutas várias vezes. "Meu bem, eu sou assim. Já estou velho e não posso mudar", eles me diziam sempre que eu tentava apontar algum comportamento que valia a pena modificar.

> O cérebro é mutável, podemos seguir aprendendo e modelando-o em qualquer idade.

É verdade que não podemos mudar radicalmente da noite para o dia. Existe uma parte, aproximadamente 40% do que você é, que é determinada pela genética. De fato, também se acredita que novos neurônios não são produzidos porque, se a cada dia nascessem neurônios novos, acabaríamos perdendo aquilo que nos faz sentir estáveis, nossa identidade, esse "eu" contínuo que percebemos como imutável. Voltando a esse tema, eu gostaria de especificar que sabe-se que em algumas partes do cérebro (como na zona subgranular do giro denteado do hipocampo ou na zona subventricular dos ventrículos laterais) existe o que se chama de "neurogênese", a geração de novos neurônios. Esses novos neurônios não são produzidos a partir de outros, mas são provenientes de células-tronco (células-mãe).

Por outro lado, o cérebro não só está cheio de neurônios e conexões como também abriga outros tipos de células, a exemplo das gliais, que são as que cuidam dos neurônios. Seriam como suas mães, e os superam em número.

> Saber que novos neurônios estão crescendo em seu cérebro e ter consciência da própria mutabilidade é o máximo! Isso indica que você pode fazer algo para melhorar.

Trocamos os protagonistas do filme, que já não são mais os neurônios. O papel principal agora é das conexões. Isso transforma essa obra em uma superprodução, eu garanto. Você deixa de ser um personagem plano: dependendo de como esteja "cabeado" o seu cérebro, de qual neurônio se conecte com qual, você será de uma maneira ou de outra.

Sabemos tudo isso porque, a partir de diferentes técnicas de visualização da atividade neural, podemos observar ao vivo quais conexões são ativadas e quais não são. Uma delas é a fMRI (imagem por ressonância magnética funcional, na sigla em inglês), que permite ver os neurônios iluminados, brilhando apenas quando estão ativos. Quando um neurônio fala, passa um impulso nervoso para o outro por meio da conexão, e os dois se iluminam. Uma vez, li que era como imaginar uma árvore de Natal com luzinhas brilhando. Guarde essa imagem na cabeça. Às vezes, um grupo de luzinhas (módulos neurais) é iluminado; outras vezes, outro, e em certas ocasiões todos são iluminados ao mesmo tempo.

Embora a analogia seja bonita e nos ajude a entender essa complicação, já digo que, no cérebro, nem tudo é tão fofo nem está tão estruturado. Na realidade, existe tal confusão de conexões entre esses módulos que, às vezes, é difícil determiná-los. Além disso, cada um pode participar de diferentes funções. Por esse motivo, há estudiosos do assunto que são contra atribuir funções ao hemisfério esquerdo e ao direito, já que existem conexões entre um e outro e é difícil estipular um limite e dizer: "até aqui fica só com você e daqui para lá fica só com você." No fim, é como um casal dependente que está há muito tempo junto, sendo difícil delimitar a obrigação de cada um. Enfim, tudo é mais complexo. Meu propósito é que você entenda isso para que, depois, quando falarmos de hábitos, saiba o que está acontecendo e por quê.

> O que faz com que você seja de determinada maneira está escrito em suas conexões cerebrais. Se você tivesse o poder de abrir seu cérebro, mudar todas as conexões como quisesse e fechá-lo novamente, a pessoa que resultaria já não seria você; sua forma de ser mudaria por completo.

Uma parte desse cabeamento é determinada pela maneira como são nossos pais ou nossa família, por herança. Mas o restante se forma a partir da experiência vivida no colégio, da educação, da cultura, dos amigos, do parceiro... No livro *Cerebroflexia*, de David Bueno i Torrens, li um exemplo de que gostei muito: você pode imaginar que a base genética, a parte condicionada do cérebro, é uma folha de papel, enquanto a outra parte moldável, mutável graças à neuroplasticidade, é tudo o que eu posso fazer com esse papel.

Então, inicialmente, o cérebro é constituído por uma base genética que influencia, mas não determina, nossa maneira de pensar e de ser. Se você tem familiares próximos que sofrem de ansiedade, haverá uma parte genética que talvez o condicione. De fato, se você sabe que seus pais têm ansiedade, tem de 30% a 40% de probabilidade de sofrer também. Ou seja: tem mais risco, mas isso não é condicionante. Quem ganha esse jogo, na verdade, é a neuroplasticidade, tudo o que foi vivido por meio de suas experiências e de seus aprendizados. A educação recebida, sua atitude perante a vida, seus hábitos e estilo de vida importam mais do que essa predisposição inata.

> As experiências e os aprendizados dão forma ao cérebro. Repetir muito um pensamento ou conduta reforça umas conexões mais do que outras.

A HERANÇA FAMILIAR E SOCIAL

Espere, espere... deixe-me interromper Sara um momento. Porque, com o tempo, eu me dei conta de que minha mãe era a rainha das ansiosas e que, sem dúvida, havia um padrão muito interessante adquirido dela.

Minha progenitora é uma grande mulher que sempre sustentou a família com grande dedicação. Com um salário baixo, fez milagres para que não nos faltasse nada e, inclusive, para que tivéssemos de tudo. Mas, sim, para conseguir seu objetivo, era uma pessoa controladora, não deixava escapar nada, e me permito escrever no passado não porque ela tenha nos deixado, ainda lhe resta muita estrada pela frente, mas porque acredito que esse aspecto de sua personalidade tenha melhorado bastante com os anos.

A questão é que, de alguma maneira, eu entrava nessa equação de controle de tudo. Além disso, agora que tenho filhos, sei que possivelmente eu era o principal foco de controle. Então, desde que era criança, foi plantada em mim uma semente que dizia "cuidado, a vida é perigosa!".

Sou dos anos 1980 e passei a vida toda na cidade de Barcelona. Nessa época, antes das Olimpíadas de 1992, as calçadas de alguns bairros estavam cheias de seringas, havia muitos viciados em drogas e as crianças eram advertidas várias vezes sobre como era perigoso e que nunca deveriam pegar uma dessas seringas do chão. O medo era tanto que havia até campanhas na televisão. Também insistiam muito em contar às crianças que, na saída da escola, havia um senhor que distribuía figurinhas com drogas. Reza a lenda que os traficantes faziam isso para que nos viciássemos desde criança e que, quando fôssemos adolescentes, caíssemos em suas garras sem resistência alguma. Era mentira, obviamente, mas já tinham inoculado o medo na gente. O curioso desses boatos é que você sempre tem um amigo que tem um primo que tem um amigo com quem aconteceu isso. Enfim...

Era tamanha a cultura do medo que eu me lembro de que, quando tinha oito anos, passaram na televisão uma animação sobre os efeitos das drogas. Colocaram todos nós para assistir ao filme, com a desculpa de que "são desenhos animados". Se eu fechar os olhos, ainda posso ver cenas dessa animação imprópria para menores.

Porém, tudo isso foi demais, e veja, não estou culpando a sociedade. Minha geração poderia ter terminado muito mal, mas, como comentou Sara, sem dúvida há uma herança importante que, depois, você precisará desfazer.

Já quando éramos um pouco maiores, os medos que inoculavam em nossas veias eram outros. Se não fizer uma faculdade, não será ninguém na vida. Não chegará a lugar algum se não souber inglês. E o medo que mais vejo, ainda, em todas as palestras: decida o que quer fazer pelo resto de sua vida agora que você tem dezessete anos. Tudo isso lhe parece familiar?

Eu levava esses sentimentos gravados a ferro e fogo. Suponho que porque sou uma pessoa emotiva, que sente as coisas e, muitas vezes, tem dificuldade de expressá-las. Mas já me abrirei emocionalmente mais adiante, se conseguir, porque estou certo de que isso nos fará entender muitas coisas.

Continuamos nos esforçando

Vimos que as conexões são criadas pela experiência vivida e pelo aprendizado, mas vou contar um segredo. Quando você aprende ou vive algo com uma forte emoção associada, as conexões estabelecidas são mais fortes e duradouras. Por isso, algo traumático pode acontecer comigo apenas uma vez e eu me lembrar disso pelo resto da vida. Isso também é muito importante na hora de ensinar: é muito melhor que os alunos aprendam sempre com uma emoção associada, que não se trate apenas de escutar uma lição expositiva e pronto, mas sim que o professor afete sua emoção, ensine com amor ou que seja surpreendente e provoque motivação e curiosidade no estudante. Também é possível ensinar pelo medo, como Ferran nos contou, mas já foi comprovado que a qualidade do aprendizado, neste caso, diminui e que os níveis de ansiedade e estresse aumentam.

Como já disse Francisco Mora: sem emoção, não há aprendizado. E, com sua licença, eu gosto de acrescentar: sem emoção, não há transformação.

No que nos cabe aqui, quero que reescrevamos novamente esta frase: "Sem emoção, não há aprendizado, não há transformação."

É importante que, no caminho para descobrir como funciona o cérebro, você aprenda tudo o que é apresentado neste livro com emoção, motivação, amor e desejo. Para conseguir algo que o transforme, tenha garra! Se quer provocar grandes mudanças em sua vida, coloque muita emoção em tudo o que for fazer; isso levará à criação de conexões de uma maneira muito mais rápida, e você poderá ver os resultados mais imediatamente.

> Não perca o olhar curioso de uma criança; não deixe de ter a atitude de um eterno estudante perante a vida.

Robóticos e felizes

Estamos em constante evolução. Não é apenas um estímulo exterior que é capaz de gerar uma atividade cerebral concreta que se expresse por meio da ativação de determinados grupos de neurônios. Um pensamento também gera essa atividade; na verdade, não pensar em nada também gera uma atividade concreta (chamada "rede de modo padrão").

O que importa saber agora é que:

> O cérebro não sabe diferenciar o que é real do que é imaginário!

Por exemplo, se você fechar os olhos agora e imaginar que está chupando um limão, com certeza começará a salivar; ou se pensar na última situação que lhe provocou ansiedade, reviverá os sintomas e seu corpo se tensionará. Isso acontece porque o cérebro interpreta as coisas que pensamos como real. Os pensamentos também fazem com que certos neurônios ou grupos de neurônios sejam ativados. Quando penso em algo, determinados neurônios ativam uns aos outros. Se eu pensar continuamente na mesma coisa ou do mesmo jeito, esses neurônios serão ativados sempre juntos e acabarão reforçando muito suas conexões. Podemos dizer que os pensamentos configuram o cérebro como se fosse um mapa rodoviário. Nesse mapa, existem vias grandes, como autoestradas (conexões que foram muito reforçadas por se pensar invariavelmente na mesma coisa), e outras vias menores, as estradas secundárias (conexões mais fracas, criadas por pensamentos que não são tão utilizados).

> A permanência das conexões é produzida pela repetição da experiência ou do pensamento e sua carga associada.

A questão é que quanto maior for uma estrada, mais rapidamente um carro poderá andar e, então, demorará menos para ir do ponto A ao ponto B. No cérebro, acontece o mesmo: a atividade neural tende a ir pela conexão mais forte. O cérebro sempre quer otimizar recursos, ser eficiente. Para economizar energia, seus pensamentos viajam por aqueles circuitos nos quais as conexões são mais fortes, mais rápidas. É mais difícil que a atividade seja transmitida por grupos de neurônios conectados de forma fraca, por isso tendemos a pensar sempre da mesma maneira, e é por isso que tentar mudar nossos pensamentos e, no fim, nossa forma de ser é tão árduo.

De algum modo, o cérebro é preguiçoso, não quer realizar algo que lhe dê trabalho. Além disso, ele gosta de fazer sempre o mesmo por motivo de sobrevivência.

> Se sempre fizemos e pensamos a mesma coisa e seguimos vivos, o cérebro vai querer perpetuar esse estado de certeza repetindo sempre o mesmo, por via das dúvidas.

Um dia, li uma frase que mudou minha forma de ver as coisas: "O objetivo do cérebro não é ser feliz, mas sobreviver." Talvez, para que isso não soe tão melodramático, possamos dizer que o cérebro prefere sobreviver a ser feliz. Eu pude ver repetidamente em meus experimentos como, ao destruir neurônios ou grupos de neurônios, estes fazem tudo o que é possível para manter sua atividade, seja como for. Em uma de minhas publicações mais recentes, mostrei como, ao matar com um laser um grupo de neurônios dentro de uma rede, esta se reconfigurou de maneira que a atividade continuou existindo.

Como eu disse antes, se você pensar agora que está chupando um limão, provavelmente sentirá sua boca se umedecer; ou se pensar em uma situação difícil, provavelmente seu corpo se tensionará de repente. Só de imaginarmos algo, nosso corpo responde. E o que isso significa? Que, a partir de seus pensamentos, você pode criar ou manter a ansiedade!

> Basta pensar em suas preocupações para que sua amígdala seja ativada e libere os hormônios do estresse.

Por isso, ainda que você viaje de férias para o campo ou vá para um spa a fim de relaxar, se não deixar de se preocupar constantemente ou de ter pensamentos negativos, o corpo seguirá respondendo de maneira fisiológica como se você estivesse realmente sendo perseguido por um mamute.

Segundo a psiquiatra Marian Rojas-Estapé: "As preocupações ou a sensação prolongada de perigo (real ou imaginária) podem aumentar os níveis de cortisol até 50% acima do recomendado."

Como eu disse no início, preocupar-se é completamente normal, é um sinal da vontade de controlar tudo o que ocorre para que nada de ruim aconteça, mas tudo em excesso é prejudicial. Segundo um estudo: "Noventa e um por cento das coisas que nos preocupam NUNCA acontecem." E o que posso fazer para evitar isso? Pois sempre tem um jeitinho!

> Faça o cérebro acreditar que não há ameaça alguma!

Certo... E como se faz isso? Toda vez que você ficar tenso por causa de alguma coisa, pense em uma paisagem que lhe faça sentir calma e bem-estar ou em uma pessoa que você ame, algo que o tranquilize; como o cérebro não sabe distinguir o que é real do que é imaginário, processará que aquilo que você está imaginando está acontecendo de verdade, e seu sistema nervoso começará a relaxar imediatamente. Tente!

Ter tudo isso em mente nos ajuda a entender muitas coisas. Como já mencionei, normalmente as pessoas que sofrem de ansiedade são exigentes consigo mesmas, perfeccionistas e muito responsáveis. Elas se pressionam muito por querer fazer tudo e, ainda por cima, bem. Se você se vê incluído nesse seleto grupo social e sente que não tem recursos suficientes para alcançar tudo, é muito provável que a ansiedade comece a fazer a festa em você.

É dito que "feito é melhor que perfeito". Enfim, o caso é que viver com esse medo constante causa certas condutas e maneiras de pensar que se repetem seguidas vezes.

ESTRAGUEI TUDO, ASSUMO

Eu assumo, sou uma pessoa exigente consigo mesma. Repetir isso na minha cabecinha por anos e anos me ajudou a trabalhar muito esse aspecto de minha personalidade e a conseguir gerenciá-lo.

Nas minhas piores épocas de ansiedade, eu era tão exigente em todas as minhas ações que lidava com isso fazendo exatamente o contrário. Vou explicar, porque talvez você se veja refletido nisso.

Quando eu tinha que encarar uma prova ou um trabalho, atingia tal nível de ansiedade que surgiam as fisgadas e os tiques nervosos. Isso aconteceu nas primeiras vezes, mas não persistiu porque bolei um "plano maravilhoso": não enfrentar os problemas. Era infalível: se eu tinha uma prova e não havia estudado, não exigia nada de mim mesmo e a ansiedade não aparecia. Está me acompanhando? Se eu tivesse que apresentar um trabalho, eu fazia mal e correndo, com o objetivo de ser "quase aprovado", e depois, com minha lábia, procurava o professor e implorava para que ele aumentasse minha nota até chegar na média. Essa começou a ser minha técnica para tudo, a não ação, ainda que muito mal-entendida e aplicada.

Entretanto, meu plano tinha um defeito, e me dei conta disso anos depois. Sofria do problema do efeito bola de neve. Encher a paciência do professor para ele me passar para o período seguinte nem sempre funcionava, o que começou a me deixar de recuperação em algumas disciplinas. Isso significava a última oportunidade para passar, e eu não poderia negociar com minha autoexigência. A ansiedade aparecia como se estivesse esperando por aquele momento o ano inteiro.

Eu passava aquele mês inteiro com fortes fisgadas no peito, diarreia e tiques no olho, os quais tentava disfarçar. Utilizei essa maravilhosa técnica para conseguir uma graduação e três anos de Audiovisual, então imagine, enfim...

Suponho que essa maneira de agir tenha se transformado em um automatismo, como aponta Sara, e, a partir desse momento, comecei a aplicá-la em todos os aspectos de minha vida. Eu estudava música e me saía bem, mas não me dedicava muito para não ter que encarar a ansiedade e acabei largando o curso. Jogava hockey e não era ruim, cheguei a jogar no Barça, mas jogava com minha atitude de "tanto faz tudo na vida" e acabei pendurando os patins. Até procurei uma parceira estável e inofensiva que não exigisse muito de mim ao estar com ela. Essa foi uma de minhas grandes sortes, porque havia muitas emoções envolvidas que agravavam a situação. Já vou contar como minha maneira de pensar e agir me levou a me casar e a ter duas filhas com quem eu menos amava. Você vai ver que a história é digna de novela. Mas sigamos aprendendo sobre as automatizações.

A *noite dos mortos-vivos*

As conexões entre os neurônios estabelecem caminhos cada vez maiores e mais fortes no mapa cerebral, e isso faz com que seja instaurado um automatismo mental na zona inconsciente do cérebro.

Acontece o mesmo com qualquer ação que repetimos muito, como uma habilidade que adquirimos por meio da prática e que, ao ser dominada, também passa para a parte inconsciente do cérebro, como quando aprendemos a dirigir, por exemplo. No começo é muito difícil, não dominamos o carro nem as placas de trânsito, o que faz com que fiquemos o tempo todo atentos e em alerta. Tudo isso resulta em um grande custo cognitivo para o cérebro, que tem que criar novas conexões, novos circuitos e gastar recursos. No entanto, ao fim, de tanto repetir, de tanto praticar, essas conexões são estabelecidas, tornam-se grandes, e a atividade pode fluir sem utilizar tanta "energia" no caminho. Então, depois de estabelecer o hábito, fica tão fácil dirigir que, enquanto o faz, você consegue prestar atenção em outras coisas. Assim, você pode criar uma maneira de agir perante a vida, como a que Ferran nos contou.

> À custa de repetir seguidas vezes uma ação ou um pensamento, as conexões se tornam "autoestradas", e o cérebro tende a se mover por elas para economizar recursos. São criados programas automatizados que passam para o nosso inconsciente.

Qual é o propósito disso? Suponho que você já tenha uma suspeita: sobreviver.

Tornando certas ações automáticas, você pode dar menos atenção e recursos a elas e poupar energia cognitiva. Os programas mentais automatizados que comumente chamamos de "piloto automático" liberam nossa carga mental consciente para que possamos dar conta de fazer, criar e pensar outras coisas. Se não, seria muito cansativo. Isso também nos permite ser capazes de prever os acontecimentos futuros de forma rápida e segura. De fato, o piloto automático inconsciente se antecipa uns milésimos de segundo ao eu consciente. Isso quer dizer que, se vamos atravessar a rua e, de repente, vem um carro, damos um passo atrás de maneira totalmente inconsciente. E você acabou de salvar sua vida!

De novo, essa é uma vantagem adaptativa do ponto de vista evolutivo. Se sempre tivéssemos que pensar antes de termos uma ideia da situação para saber como agir, já estaríamos extintos há tempos.

O problema é que, assim como o que acontecia com Ferran, alguns desses hábitos ou programas automatizados não estão de acordo com o que queremos da vida, mas já passaram para o nosso inconsciente e, portanto, são muito difíceis de detectar e mudar.

> O cérebro prefere "o mau conhecido" porque conseguiu manter você vivo até o dia de hoje. Na realidade, não se trata de mau ou bom; trata-se de se está sendo útil para você ou não.

Tratarei mais adiante do motivo pelo qual nos apegamos a hábitos físicos ou a padrões mentais repetitivos que nos fazem sentir mal, mas já adianto que há uma explicação também no campo da neurociência para isso.

Agora, o que quero que você entenda é que os zumbis existem. Sim, entenda. Bem, não é que eles caminhem desorientados com os braços estendidos e a pele pendurada enquanto tentam devorá-lo. Mas, se você se deixar levar, se transformará em um deles e começará a viver constantemente no piloto automático, fazendo as mesmas coisas, pensando sempre o mesmo, reforçando esses programas automatizados no cérebro. Isso cria uma predisposição para continuar sendo como você é. Aquilo que foi útil para você e o ajudou a seguir vivo continuará vigente se você não se esforçar para mudar.

> "Quase todos os nossos atos são operados por sub-rotinas alheias, também conhecidas como sistemas zumbis."
>
> DAVID EAGLEMAN

Segundo Joe Dispenza, 5% da mente são conscientes, e os 95% restantes são comandados por programas automáticos inconscientes, involuntários, condutas memorizadas e reações emocionais habituais, o que faz com que seja lógico pensar que, durante 95% do dia, vivemos de maneira inconsciente.

Talvez alguém já tenha lhe dito alguma vez: "Você está assim de novo?"

Somos repetitivos e, quando nos deixamos levar, talvez tenhamos a sensação de que estamos sendo diferentes, mas eu posso jurar que é justamente aí que estamos sendo mais zumbis e inconscientes de nossas ações ou nossos pensamentos. Se sempre repetimos os mesmos padrões, ideias e condutas do passado várias e várias vezes, no fim nos transformamos em videntes, pois criamos um futuro previsível, réplica do nosso passado. Seremos sempre uma versão de nós mesmos, não o que somos no momento presente.

"Ser consciente ou não ser consciente, eis a questão!", diria um Hamlet ansioso no século XXI.

Ter consciência do que pensa, diz e faz, essa é a chave! É importante tomar autoconsciência de quais hábitos ou programas automatizados mentais estão destruindo ou limitando você e tentar mudá-los por outros que o beneficiem. Graças à neuroplasticidade, isso é possível!

> *"Até você se tornar consciente, o inconsciente irá dirigir sua vida, e você vai chamar isso de destino."*
>
> Carl Jung

Lembre-se de que o cérebro não deixa de ser como outro músculo do corpo. Tudo é questão de treiná-lo para poder tomar consciência e mudar esses hábitos por outros mais benéficos para você. Como já disse, graças à neuroplasticidade, por meio de repetição e constância, posso criar hábitos novos e torná-los automáticos. Os últimos estudos sobre o tema indicam que levamos 66 dias para criar um hábito (aparentemente, o que Maxwell Maltz demonstrou em 1950 sobre os 21 dias se referia ao fato de serem necessárias três semanas para modificar um hábito, no melhor dos casos…). Dois meses também não é tanto tempo assim. Quanta gente vai à academia fazer musculação ou segue uma dieta? Tudo isso supõe um esforço e mudanças de rotina. Você pode pensar exatamente assim, em mudar seus pensamentos e seu estilo de vida como uma questão de prática, de trabalhar, de se exercitar, de adquirir uma nova habilidade.

> *"Manter a lucidez é um exercício tão difícil quanto manter a forma."*
>
> Shlomo Breznitz

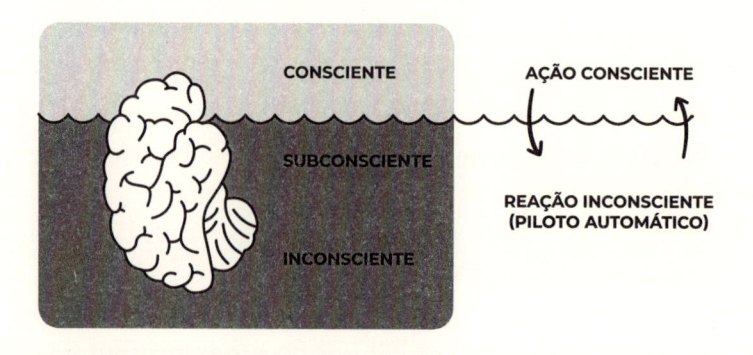

SEGUNDA PARTE

O que posso fazer para resolver isso?

3

Revisando tudo o que você faz no seu dia a dia

DE JOVEM EMPREENDEDOR A *NEW AGER* LEVITANDO

Em minha época como aspirante a produtor audiovisual, eu andava com dois celulares no bolso, daqueles Nokia antigos que vinham com o jogo *Snake*. Ia de uma reunião para a outra tentando fechar algum trabalhinho com alguma emissora de TV que nos garantisse o que comer nos meses seguintes. Eu me lembro de ter uma sensação de estresse, de que não podia parar nem um segundo sequer, porque, se parasse, morreria. Nessa época, bebia cinco cafés diariamente, mais de duas cervejas e um ou outro copo de uísque para dormir. Fumava um maço de cigarro por dia, fingia ser o que eu não era e sentia umas fisgadas que tentava disfarçar durante o dia e que me faziam sofrer na solidão quando o sol se punha.

Foi esse o momento em que o meu corpo me parou na forma de uma paralisia e eu tive que deixar tudo para ficar repousando em casa. Não foi, de forma alguma, uma fase boa da minha vida, mas agora a vejo como uma bênção. Levei dois anos para me recuperar. Nessa época, comecei a pesquisar sobre a ansiedade e iniciei minhas aulas de tai chi chuan, mas essa história eu já contei.

Desculpe-me por estar lhe fazendo dar um passeio meio fora de ordem pela minha vida, mas minha maneira de contar tudo isso tem um sentido, eu garanto. E Sara vai explicar a seguir como as coisas que você faz em seu dia a dia funcionam e o poder que têm em seu caminho para sair da ansiedade.

Quando comecei com toda essa nova aventura, uma das coisas que me vi obrigado a fazer foi largar meu trabalho; vendi minha parte da produtora para meus sócios e saí da área. Durante aquele primeiro ano sabático, fiz várias coisas: tai chi, qigong, meditação, psicologia budista, coaching, programação neurolinguística (PNL), herborização, medicina chinesa... e um sem-fim de cursos para aprender a gerenciar a ansiedade. Todos eles me levaram a compreender muito bem seu funcionamento e a saber como lidar com os sintomas que ela provocava em mim. Cabe dizer que a paralisia desapareceu e as fisgadas no peito diminuíram muito, ao ponto de serem quase imperceptíveis.

Tudo estava funcionando tão bem que fui ao extremo oposto da minha personalidade. Sou uma pessoa muito ativa, nervosa, daquelas que têm "bicho carpinteiro", como se diz, e me tornei alguém calmo, eu diria que até demais, quase apático, com frases grandiloquentes e com uma forte convicção de que tinha encontrado o caminho. Não apenas o meu, mas o da sociedade no geral. Em meus cursos, gosto de chamar essa fase de "a fé do convertido". Como contei no começo do livro, nesse período eu dava aulas de qigong, e foi quando conheci Sara.

Passei anos brincando de ser esse personagem. Até que, por fim, comecei a me curar e a ser eu de novo, o Ferran inquieto, sempre com ideias na cabeça, o que fala rápido e come as palavras, soltando uma baboseira ou uma expressão estranha a cada três frases. Voltei a ser eu, mas, dessa vez, sem ansiedade.

Ainda que agora eu goste de rir disso, essa época também me trouxe coisas boas, pois comecei a implementar hábitos saudáveis que nunca mais abandonei. Garanto a você que é possível fazer qigong todos os dias e não ser um guru vestido de seda chinesa; podemos praticar de pijama sem problemas.

Concluindo: quando você aplica novos hábitos, muitas coisas boas acontecem em sua vida; na realidade, acontece um giro que o empurra em direção aos seus objetivos. Isso ocorre porque acontecem mudanças importantes em nosso querido cérebro quando variamos as rotinas.

Se você muda seus hábitos, você supera a ansiedade. Mas, bem... que novos hábitos você deve aplicar? Como deve aplicá-los? Durante quanto tempo?

Cro-Magnon com um iPhone no bolso

Somos seres de hábitos, tendemos a seguir as mesmas rotinas todos os dias. Assim como normalmente tendemos a pensar ou agir da mesma forma.

Quando nos faltam rotinas e temos problemas ou tarefas para resolver, o cérebro fica trabalhando constantemente para encontrar o que fazer ou como solucionar esse problema pendente no que chamam de "memória de trabalho".

> Ter uma rotina diária nos ajuda a nos sentir mais livres mentalmente. Dá espaço para criar, pensar e fazer coisas novas!

Isso é maravilhoso, mesmo que você ainda não acredite nisso agora. Vamos nos encarregar de que você veja as virtudes de tudo isso para controlar a ansiedade.

Se você se levantasse a cada manhã pensando "O que tenho que fazer hoje", além de ser cansativo, isso não lhe permitiria construir nada mais. Também seria muito difícil conseguir fazer aquilo que você se propusesse na vida.

> Uma tarefa que, uma vez estabelecida, se repete um dia após o outro, acaba se tornando um hábito, e os hábitos marcarão sua vida. Assim mesmo. Quase metade de seu dia a dia está cheia deles.

Você tem consciência de todas as coisas que faz no seu dia a dia que não o beneficiam? Sabe por que as faz? Ninguém pode mudar aquilo que não "vê", então encorajo você a ver o que faz durante o dia. Seja honesto consigo mesmo; pode anotar detalhadamente em um caderninho durante uma semana. Como dissemos, de 40% a 50% do que fazemos durante o dia são hábitos; funcionamos no piloto automático em quase metade da jornada. Então, é interessante ver quais hábitos não estão nos levando até o caminho desejado.

> Se você falha em observar quais hábitos estão contribuindo para aumentar sua ansiedade, está indo mal. As desculpas, a procrastinação e a apatia são três arqui-inimigos que você deve considerar sempre.

Vamos deixar isso um pouco mais fácil para que você veja que todos erramos e que é possível mudar. Pontuaremos os maus hábitos que Ferran e eu tínhamos e veremos se algum deles lhe parece familiar.

Antes, repassemos como se forma um hábito e o que exatamente acontece no cérebro. Suponho que você reconheça a seguinte imagem:

CICLO DO HÁBITO

- COMPORTAMENTO — Tomo um café
- CONSEQUÊNCIA — Fico ativo
- DESENCADEANTE — Estou cansado

Essa é a teoria dos três erres: recordação, rotina, recompensa.

Para que um hábito seja criado, primeiro é ativado um sinal. Por exemplo: "estou com sono, estou cansado", ou "preciso de um intervalo", ou "está na hora de dormir". Então a ação é executada perante esse sinal. No primeiro exemplo, a resposta ao sinal pode ser "vou tomar um café ou um chá"; no segundo, "vou fumar um cigarro" ou "vou pegar algo na geladeira para comer"; no terceiro, "vou escovar os dentes" ou "vou vestir o pijama". Até aqui tudo bem, certo?

> Embora pareça fácil, às vezes nos custa reconhecer qual é o sinal que nos motiva a executar determinado comportamento do qual, talvez, não nos sintamos tão orgulhosos. Porque, claro, aqui se trata de mudar aqueles hábitos que são prejudiciais, que vão contra o bem-estar, que aumentam a ansiedade. Quanto àqueles que favoreçam o alcance de seus objetivos ou propósitos de vida, ótimo! Deixe-os como estão.

Você já sabe que, se ajo sempre da mesma maneira toda vez que recebo um sinal, acabo reforçando o mesmo circuito neural, que vai ficando mais forte; em consequência, minha atividade neural tenderá a circular por esse circuito, e não por outro, para poupar energia. É aí que se inicia o descontrole, porque não sabemos por que tudo isso começa.

Ainda há um outro ponto, porém. ("Que chata", você deve estar pensando, mas garanto que a ciência é assim, são muitos os fatores que devemos considerar.) É bom que entendamos por que repetimos um comportamento, e não outro, depois de determinado sinal. E a razão para isso é que existe uma recompensa imediata que libera um neurotransmissor de prazer no cérebro, fazendo com que esse mesmo comportamento seja repetido diante do mesmo sinal.

> A repetição, somada a esse neurotransmissor do prazer, fará com que o cérebro considere que o comportamento realmente é importante, que você realmente precisa daquilo, e o induzirá a repetir a ação e a construir esse hábito.

E qual é exatamente o neurotransmissor liberado no cérebro diante dessas recompensas imediatas?

Suponho que você já tenha ouvido falar sobre a famosa dopamina, a grande culpada por você cair em hábitos pouco saudáveis. A coitada tem má fama, mas, na verdade, é também quem o motiva a cumprir seus objetivos, como no caso de se livrar da ansiedade. Foi comprovado que a dopamina desempenha um papel importante inclusive na vontade de continuar vivendo e no processo de se apaixonar. No fim, é o que nos dá o empurrão necessário para fazermos aquilo que falta para conseguirmos a recompensa que procuramos. A dopamina também está envolvida em muitas outras funções, como a coordenação motora. O fato é que pessoas com doença de Parkinson sofrem de carência de dopamina.

> A dopamina é um neurotransmissor produzido a partir do aminoácido tirosina e é um dos neuroquímicos liberados no cérebro quando obtemos uma gratificação ou sentimos prazer.

A dopamina é liberada no chamado circuito de recompensa. Preste atenção, pois isso é do seu interesse. Sempre que sentimos prazer, é ativado esse circuito que engloba muitas áreas do cérebro, como o núcleo accumbens, a amígdala, o hipocampo e o córtex pré-frontal. Você se lembra desses últimos, não é?

Na área tegmentar ventral, encontra-se a sede dos neurônios dopaminérgicos, um núcleo cheio de neurônios que liberam a dopamina como neurotransmissor. Esses neurônios projetam suas conexões para áreas como o núcleo accumbens, a amígdala, o hipocampo e o córtex pré-frontal, cheias de receptores de dopamina, as quais, por sua vez, também enviam mensagens à área tegmentar ventral. Quando sentimos prazer, esse circuito de recompensa é ativado e a dopamina é liberada nessas áreas.

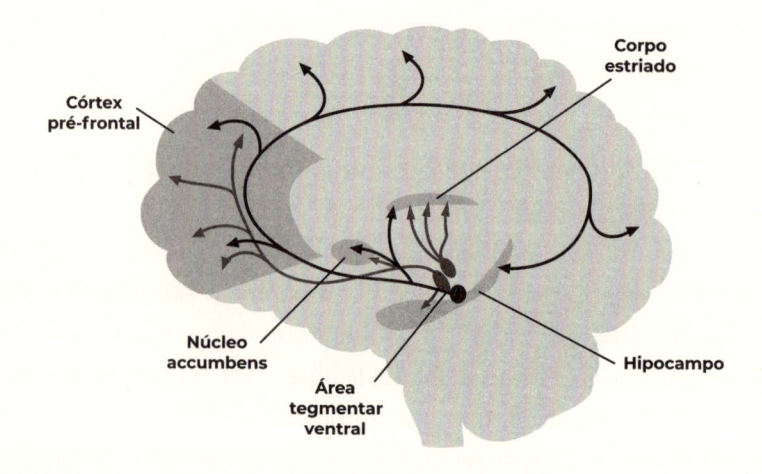

Durante muitos anos, pensou-se que a dopamina liberada nesse circuito de recompensa era a responsável por fazer-nos sentir prazer, mas foi comprovado que não é bem assim. Estudos feitos com ratos revelaram que, inclusive, níveis menores de dopamina permitiram que sentissem prazer. O mesmo acontece com pessoas que sofrem de doenças de Parkinson, que continuam tendo uma queda, por exemplo, por doces. Então, qual é a função da dopamina, se não é nos fazer sentir prazer? Bem, parece que sua função é fazer com que tenhamos vontade de buscar esse prazer, com que nosso desejo por ele aumente. Incrível, não? Pense nisso. Foi comprovado, por exemplo, que ratos sem dopamina perdem o interesse em buscar aquilo que lhes causava prazer.

> Mesmo que a ideia de que a dopamina tem a função de nos fazer sentir prazer tenha se popularizado, não é exatamente assim. Na verdade, a dopamina nos faz desejar querer mais daquilo que nos dá prazer.

Apresento agora um exemplo. Você está com vontade de comer chocolate e pega um pedacinho de bolo. Quando começa a comer, é liberado dentro do seu cérebro um neurotransmissor do prazer (esse é o momento em que você pensa: "Hum... que delícia."). A dopamina liberada no núcleo accumbens é o que faz com que você não consiga parar de comer. Essa ânsia liderada pela dopamina é justamente a culpada por, muitas vezes, nos tornarmos obsessivos por algo, por não conseguirmos parar e desenvolvermos ansiedade.

Se falamos da sensação de prazer propriamente dita, essa, sim, pode ser oriunda das drogas naturais que temos no cérebro, como as endorfinas. Fato é que essas drogas naturais são liberadas quando usamos drogas como a morfina e o ópio ou quando praticamos esportes. Duas atividades bem distintas, ou duas maneiras de obter os mesmos resultados.

Uma curiosidade: a dopamina é liberada sobretudo quando acontece algo pelo qual não estamos esperando. Por exemplo, se tiramos 10 em uma prova e achávamos que tiraríamos um 6. Uma dose de prazer na veia!

Ou imagine que vou a uma cafeteria nova e peço um café que é delicioso; isso aumentará meus níveis de dopamina, porque estava fora de minhas expectativas.

> Os níveis de dopamina liberados são proporcionais à diferença entre o inesperado e aquilo que se esperava. As surpresas liberam muita dopamina.

Como eu disse, o circuito de recompensa toca diferentes áreas do cérebro, como o córtex pré-frontal, a amígdala ou o hipocampo! Agora você entenderá por quê.

Voltemos ao café surpreendentemente gostoso. Ao dar o primeiro gole:

1. A amígdala entrará em ação e nos fará sentir essa emoção;
2. O hipocampo gravará toda a experiência: onde tomei o café, qual pedi, o que fiz para consegui-lo;
3. O córtex pré-frontal se envolverá em minha decisão sobre tomar esse café ou não, sobre o planejamento de quando vou fazê-lo, inclusive sobre o significado social que implica esse prazer;
4. Finalmente, graças à dopamina, você aprende a conduta associada à recompensa, o que se chama "aprendizagem associativa".

Tudo isso tem um significado evolutivo. Como não teria? Somos Cro-Magnon com um iPhone no bolso.

Há funções básicas que precisamos desempenhar para poder sobreviver como indivíduo e como espécie. Entre elas, estão: comer, beber, dormir, manter relações sexuais e socializar.

Hoje em dia, quando nos tornamos tão individualistas e mais ainda agora nesses últimos tempos pandêmicos, talvez socializar não lhe pareça tão crucial. Contudo, coloque-se sempre na pele do homem pré-histórico, vivendo em uma tribo, sem um hospital para atendê-lo, um Estado que o sustentasse economicamente ou sem um app para conseguir alguém para transar. Naquela época, era muito importante estar integrado se você quisesse obter todos os recursos necessários para sobreviver e se perpetuar como espécie.

> Por isso, para sobreviver e fazer com que a espécie não desaparecesse, o cérebro se encarregou de garantir que desempenhássemos essas funções de qualquer jeito, e fez isso fazendo-nos sentir prazer. Dá pra ser mais perfeito? Eu acho que não.

Quando comemos e bebemos, temos um orgasmo; e quando sentimos que somos aceitos socialmente, o orgasmo pode ser inesquecível. O prazer garante que realizemos essas funções e que repitamos a mesma conduta quando a ocasião se apresenta. Por isso, o cérebro tende a buscar o prazer e as recompensas imediatas e a evitar a dor.

Também há outas coisas menos primitivas que nos fazem sentir prazer, como praticar exercícios físicos, ler um bom livro, assistir a um bom filme, contemplar uma obra de arte ou escutar nossa música favorita. E parece que, hoje em dia, não sentimos prazer apenas com coisas "lógicas" em termos evolutivos. O mesmo ocorre com os medos, que mudaram com o tempo. Lembre-se do tigre que o perseguia. Tudo é um pouco mais complexo, já que o circuito de recompensa engloba muitas áreas diferentes, entre elas áreas mais "evoluídas", como o córtex pré-frontal.

> O prazer é um motivador essencial para o aprendizado de determinados comportamentos-chave para a sobrevivência.

Vamos organizar para entendermos melhor:

1. Primeiro, sentimos que gostamos de uma experiência;
2. Depois, associamos essa experiência a dados sensoriais externos, como o que vemos e ouvimos, e também internos, como aquilo que estamos pensando. Essas associações nos permitem prever como agir para repetir a experiência de que gostamos;

3. Finalmente, relacionamos pouco a pouco um valor prazeroso com a experiência, de maneira que, no futuro, possamos decidir o esforço e o risco que estamos dispostos a assumir para voltar a obtê-la.

Quando estamos em mau estado físico e mental, muitas vezes perdemos o prazer pelas coisas. Níveis muito baixos de dopamina podem nos levar à depressão.

> Sentir prazer, conceder prazer a nós mesmos, é fundamental.

O problema surge quando sentimos prazer com coisas que nos prejudicam nos níveis físico, mental e emocional, e quando fazer essas coisas nos gera um sentimento de culpa. Esse tipo de prazer é o que chamamos de maus hábitos, como aquele uísque que Ferran nos contou que tomava antes de ir dormir. De vez em quando, não tem problema algum. O problema é quando isso se torna algo rotineiro, quando criamos um mau hábito e dependemos daquilo que nos destrói para sentir prazer.

COMO DESTRUIR SEU DIA, OU A ROTINA DE UM ANSIOSO

Minha vida de pessoa ansiosa era um despropósito atrás do outro. Agora vejo muito claramente e como era tão fácil de mudar... Quando trabalhamos nos cursos e os alunos me contam suas jornadas, vejo luz no fim de seus túneis. Porque, não duvide nem um segundo, as pessoas que sofrem de ansiedade têm rotinas que a potencializam e lhe dão asas para voar à vontade.

No meu caso, era exagerado, mas minha ansiedade também, então acho que estava em sintonia. Em meu favor, digo que eu era muito jovem, e Sara me contou, anos depois, que os adolescentes lidam pior com isso.

Os meus dias, em meus piores momentos, começavam mais ou menos ao meio-dia, quando eu escolhia madrugar. Ensaiava levantar da cama e ligava a televisão, a programação era desenhos animados e alguém fazendo ginástica ou cozinhando. Quando minha bexiga não aguentava mais, saía da cama, passava rapidamente pelo banheiro e ia tomar café. O menu: café com leite, depois "a força dos sucrilhos Kellogg's". Mais televisão enquanto nutria meu corpo, que pesava 97 quilos.

Eu gostaria de dizer que, depois de tomar café da manhã, tomava um banho refrescante, mas isso só acontecia uma vez ou outra na semana. Sentir-se mal consigo mesmo o leva a ter hábitos duvidosos de higiene; ambos estão certamente relacionados. O que eu fazia depois do café da manhã era me sentar na frente do computador. Naquele ano, eu tinha montado uma pequena produtora audiovisual de mentira (digo "de mentira" porque não estávamos registrados como empresa). Éramos alguns amigos fazendo desenhos animados em um sótão. Mas se Steve Jobs criou a Apple em uma garagem, por que não poderíamos ser o próximo Studio Ghibli? Eu amava os desenhos animados, pois representavam um mundo feliz no qual eu podia me esconder e tentar esquecer a vida de merda que eu estava construindo. Hoje em dia, continuo assistindo aos desenhos, tempo que compartilho com meus três filhos, mas o motivo para isso é completamente distinto. Já chegaremos a essa parte da minha história.

Eu começava a trabalhar mais ou menos às duas da tarde e, como sou muito trabalhador, ficava até as seis, quando me dava fome. Ah, importante! Enquanto estava editando no computador, tomava mais dois ou três cafés. Eu fazia tudo certinho, está vendo?

Em minha refeição do "meio-dia", havia duas opções: arroz com atum enlatado ou pizza congelada. Uma dieta saudável e equilibrada. Tudo era regado a cerveja. Depois, voltava ao trabalho. Dá para perceber que eu não mexia muito a bunda, no máximo andava meio quilômetro, e durante a semana um pouco mais, porque às segundas-feiras tinha reunião com meus colegas, mas esse era todo o exercício que eu praticava.

A jornada de trabalho da tarde transcorria entre seis e onze da noite, hora em que eu ia jantar. Nessa refeição, era mais do mesmo: pizza ou arroz. Ah, não posso esquecer. Durante o turno da tarde, eu lanchava: donuts, bolinhos recheados ou biscoitos recheados, e veja que digo no plural.

Depois de jantar, vinha o momento do ócio: desenhos animados japoneses. Agora são chamados de anime, assim como as histórias em quadrinhos agora são chamadas de "romance gráfico". Fica menos infantil... Enfim. Enquanto assistia aos desenhos, sentia fome, a ansiedade não perdoa, você já sabe, então mandava mais cereais com leite para dentro. Nos anos 2000, não existia Netflix nem nenhum tipo de plataforma de streaming, senão, garanto que eu teria sido usuário premium em todas. Eu ficava tão vidrado que ia até sete da manhã.

Quando via que o sol entrava pela janela, batia a pressa para dormir: copo de água e comprimido. Nessa época, se bem me lembro, diria que era natural, de valeriana, eu acho, mas a verdade é que não tenho certeza.

Vícios ou maus hábitos?

Como você pode ver, Ferran fazia tudo errado, mas todas aquelas ações que realizava e que aumentavam sua ansiedade lhe davam prazer.

A propósito, eu me lembro perfeitamente de quando falei com Ferran sobre o assunto dos adolescentes; se você tem um púbere em casa ou é um adolescente de fato, isto vai surpreendê-lo:

> Os adolescentes são os mais vulneráveis no que se refere a deixar-se levar pelas recompensas imediatas; o que lhes põe freio, muitas vezes, é a parte racional, o córtex pré-frontal.

Há um tempo mínimo entre responder ou reagir como sua parte mais animal anseia. A capacidade de responder, de poder decidir conscientemente, surge com o córtex pré-frontal, que alcança sua maturidade depois da adolescência. Por isso, os jovens assumem mais riscos, não têm tanto controle cognitivo e não veem tanto as consequências de seus atos.

* * *

Em uma situação de vício, também precisa haver uma ativação da zona de recompensa do cérebro: aquilo que você faz deve lhe causar prazer, ao mesmo tempo que você deve repetir essa ação muitas vezes. Graças à neuroplasticidade, você construirá esse hábito ou vício. A diferença está na sua dependência diante desse hábito. Normalmente, o termo "vício" está mais associado a drogas como o álcool, a nicotina, a maconha ou, claro, substâncias mais fortes. Essas drogas elevam os níveis de dopamina e ativam muito mais os circuitos de recompensa do que outros reforçadores naturais, como a comida.

É interessante comentar alguns aspectos dos vícios. O primeiro é que foi demonstrado que, geneticamente, há pessoas mais propensas a adquiri-los do que outras. Esses fatores genéticos afetam de 40% a 60% das pessoas.

> Foi comprovado que as pessoas com ansiedade são mais propensas a desenvolver vícios.

O segundo aspecto é a tolerância. Acredito que você já saiba que quanto mais consumimos algo, mais tolerância desenvolvemos, seja um bolo de chocolate ou uma medicação. No primeiro exemplo, precisaremos comer cada vez mais bolo de chocolate para sentirmos prazer. No segundo caso, precisaremos de doses cada vez maiores daquele comprimido para poder sentir o efeito. O que acontece no cérebro?

> Quando o cérebro recebe um aporte externo de determinada substância, deixa de produzi-la na quantidade usual ou reduz os receptores aos quais adere, para que tudo fique equilibrado.

O cérebro compensa a dose extra recebida fazendo menos. (Ele pensa: "Que ótimo! Estão trazendo isso de fora, então posso deixar de produzir e descansar.") Como o cérebro não produz essas substâncias, cada vez precisamos de uma quantidade maior para sentir o mesmo efeito. Quando tentamos reduzir o consumo ou parar, acontece a famosa síndrome de abstinência. O cérebro demora um tempo para se dar conta de que precisa começar a fabricar aquilo de novo por conta própria.

Do meu ponto de vista, alguém é um viciado quando sente essa falta o tempo todo. Necessita sempre de alguma coisa. Depende daquela coisa externa para estar em "equilíbrio".

Magia de robôs para humanos simples

Na Espanha, 29 milhões de pessoas já usam de forma ativa as redes sociais e passam quase duas horas por dia conectadas a elas, segundo dados do Hootsuite. Concretamente, acessam tudo por meio do celular, como informam 98% dos usuários do país, de acordo com o relatório Digital 2020.

As surpresas causam picos de dopamina, assim como quando sentimos o prazer de sermos aceitos socialmente. Esse combo é o que faz com que nos viciemos em ficar olhando constantemente o telefone para ver se temos alguma nova mensagem, se chegou algum novo e-mail ou quantos likes recebemos em uma publicação no Instagram ou Facebook. Esses picos de dopamina fazem com que você anseie por mais, que desenvolva o vício a ponto de não deixar de querer sentir essa recompensa imediata publicando mais, escrevendo mensagens para mais pessoas, baixando mais aplicativos…

Recomendo a você, se ainda não fez isso, que assista ao documentário *O dilema das redes*, na Netflix. Todos os algoritmos, seja do Facebook, do Instagram ou do Google, competem para que você fique o maior tempo possível rolando a tela do telefone e consumindo toda a informação que lhe aparece. Eles procuram capturar sua atenção oferecendo-lhe mais daquilo que parece ser do seu interesse, que causa esse aumento de dopamina, seja para o bem ou para o mal.

Por exemplo, se um dia você visita uma página para comprar uns tênis, mas não os compra, de repente, quando você entra em qualquer rede social, aparecerão todos os tipos de anúncio oferecendo descontos por uns tênis maravilhosos. Tudo isso para que você clique no botão de comprar, para que continue preso ali, vendo mais.

Acho muito curioso como a Netflix, quando termina um episódio, oferece o seguinte ou algum similar, caso a série tenha acabado. Às vezes, eu e meu companheiro temos que correr para desligar a TV para não ficarmos presos vendo o próximo episódio.

Não quero dizer que isso seja certo ou errado, só gostaria que você tivesse consciência do que está acontecendo para poder decidir qual uso quer dar às novas tecnologias e quanto tempo deseja passar nelas. Fato é que há outros estudos que apresentam as redes sociais como um bom serviço quando as utilizamos com boa intenção.

> Podemos nos deixar levar passivamente por essas recompensas imediatas sem saber até onde elas nos conduzem, ou permitir que o córtex pré-frontal seja aquele que gerencie e saiba para onde direcionamos nossa atenção.

Em meu projeto pessoal Ioga & Neurociência, também uso Instagram, do qual preciso para trabalhar e para compartilhar e me informar daquilo que me interessa, assim como você. Ferran, com *Bye bye ansiedad*, é muito ativo nas redes. Entretanto, ambos dedicamos um horário determinado no dia a esses aplicativos e depois largamos os telefones.

Pense no que você quer obter com toda essa tecnologia. Manter contato com pessoas que você não vê? Quem sabe seguir alguém que o inspira e ensina? Ou talvez tocar seu negócio e promovê-lo por meio das redes sociais? Seja qual for o motivo, tenha-o em mente e seja consciente quando acessá-las. Não se deixe enrolar!

E tem o tempo. Ah, amiga! Quanto tempo você passa fixa na tela vendo vídeos de gatinhos fazendo peripécias? Depois você não se irrita e sente culpa? Então o que você faz? Com certeza o cérebro, a fim de evitar essa dor, vai em busca de mais prazer imediato, e é nesse momento que você se levanta atrás de um chocolate ou devora um episódio a mais de algum programa na Netflix. É a magia dos robôs para humanos simples.

O que você faz quando tem um tempo livre ou enquanto espera o ônibus ou está no metrô? Fica olhando o telefone. Tudo para não enfrentar esse estado de vazio que fica quando não recebemos prêmios constantemente. É importante tomar consciência do que acontece com você, de como você é, de como age, e para isso é preciso ter momentos de observação.

> Você poderia trocar esses momentos em que "passa o tempo com o telefone" por instantes de observação interna.

Não há muitos estudos de neurociência sobre o vício em redes sociais, mas foi comprovado que elas ativam o núcleo accumbens e, portanto, segregam dopamina.

O que conhecemos é o efeito que tem o vício em internet. Um dos estudos mais famosos foi o realizado por Hao Li (2011), no qual foi descoberto que esse vício afeta o giro do cíngulo. Essa parte do cérebro é como uma ponte entre sua parte consciente (córtex pré-frontal) e a mais inconsciente ou impulsiva (sistema límbico), é aquela que serve de mediadora entre a razão e a emoção.

Ao se ver afetado, o giro do cíngulo se reduz, e isso faz com que a moderação das condutas impulsivas fique desorganizada, ou seja, é gerado um vício. Apesar disso, ainda não se sabe se essa alteração é a causa ou a consequência do vício na internet. No ano de 2012, o mesmo pesquisador realizou outro estudo por meio do qual comprovou que as pessoas viciadas em internet mostram menos conexões entre essa parte do cérebro e o córtex pré-frontal.

> As pessoas viciadas em internet se veem mais dominadas por sua parte primitiva, são mais reativas e têm dificuldade de regular seu comportamento. Atenção se detectar esse padrão em você.

Por outro lado, o estudo indica que as pessoas que reduzem o uso das redes sociais obtêm uma satisfação maior, se sentem menos sozinhas ou aumentam o rendimento acadêmico, entre muitos outros benefícios.

Existe uma correlação entre o uso excessivo do telefone celular e a ansiedade ou a depressão. Mas qual é o sinal que faz com que você queira pesquisar na internet ou olhar constantemente as redes sociais?

E se eu ficar de fora?

Eu gostaria de abordar um assunto do qual acredito que você já tenha ouvido falar: o FOMO.

> FOMO é a sigla para a expressão em inglês *fear of missing out*, que pode ser traduzida como "medo de ficar de fora".

A que isso se refere? Trata-se de uma expressão utilizada para definir a sensação de estresse, angústia e medo de perder ou de não fazer parte de algum plano que lhe tenha sido proposto, seja uma saída com amigos, um evento, um encontro. Essa síndrome surgiu por causa do uso permanente da tecnologia moderna (telefones celulares, redes sociais...).

Segundo a psicóloga Judith Viudes, esse estado significa "ter que dizer sim a tudo o que surja, mesmo que você não queira, e mostrar ao mundo como nossa vida é interessante em comparação à dos outros. É se esconder atrás de uma fachada repleta de selfies em festas, viagens, rodeados de amigos, comidas saudáveis e deliciosas, sucessos acadêmicos ou esportivos, um amor romântico e perfeito...". Parece que dizemos sim a tudo por pressão social, por medo de nos sentirmos excluídos, de não sermos aceitos pelos outros. O problema é que, dessa maneira, você está vivendo uma realidade alternativa incoerente com o que realmente quer para si. O FOMO nos distrai de podermos realizar nossas paixões ou nossos propósitos.

Alguns estudos apontam que quanto mais utilizamos as redes sociais, mais o FOMO aumenta.

> Quem sofre de ansiedade acessa muito mais as redes sociais como forma de desconexão em seu tempo livre. Todavia, é justamente isso que causa mais ansiedade, mais FOMO, e cria um círculo vicioso do qual é difícil sair.

Nesse filme, o FOMO tem um antagonista que chegou para travar uma luta épica contra ele: o JOMO, *joy of missing out* ("prazer em ficar de fora"), capacidade de dizer não a esses planos que não o satisfazem e poder dedicar tempo e energia ao que você realmente quer.

Sim, tenho consciência de que os nomes, mais que os de um filme de ação, parecem os de uma série infantil: *As pequenas aventuras de FOMO e JOMO*.

Cérebros tomando um vermute

O fato de nos sentirmos aceitos tem um peso incrível no cérebro. Quando achamos que somos excluídos ou rejeitados socialmente, o cérebro sente "dor"; na verdade, são ativadas as mesmas áreas do cérebro que também são ativadas quando sentimos dor física, como o córtex cingulado anterior, a ínsula ou o córtex pré-frontal.

> A dor que você sente quando alguém o rejeita pode ser a mesma que você sente quando corta o dedo com uma faca. Às vezes, pode inclusive doer mais, não é verdade?

A primeira vez que ouvi isso foi da dra. Gina Rippon, e eu pirei. Ela defende que, por culpa dessa "dor social", se perpetuam os papéis de gênero.

Essa sobreposição da dor física e da social tinha uma utilidade biológica: poderia ser um mecanismo evolutivo que ajudaria os animais que viviam em comunidade a evitar os prejuízos de se separar dela. Faz sentido: que importância contar com uma pessoa próxima tem para a sobrevivência de um bebê?

Diversos estudos concluíram que aqueles que dispõem de um maior apoio social ou que passam mais tempo com amigos mostram menos atividade nessas partes do cérebro que são encarregadas de processar a dor, enquanto as pessoas com ansiedade e com alta tendência a se preocupar com a rejeição dos outros mostram mais atividade e, portanto, sentem mais dor constantemente.

A ocitocina, o hormônio dos vínculos sociais, também conhecido como o "hormônio do abraço", é liberada quando estamos em contato com outras pessoas. Esse neurotransmissor faz com que nos sintamos bem, à vontade. Como você se sente quando alguém lhe dá um abraço? Essa sensação é causada pela ocitocina.

Também é muito importante na maternidade. O que ocorre é que um bebê estimula a ocitocina da mãe para que esta siga amando-o e protegendo-o. A conexão social também é muito importante para ativar o sistema nervoso parassimpático, o do relaxamento. Não sei se já aconteceu alguma vez de você estar falando com um amigo sobre algo que o preocupa e, de repente, tudo toma outro sentido, você se sente tranquilo e em paz. Os vínculos reais podem ser terapêuticos! Estar rodeado pelas pessoas que o amam é um grande antídoto contra a mania de ficar olhando o celular, as telas no geral, a compra por impulso na internet ou o consumo compulsivo de alimentos processados. Trataremos melhor de todo esse assunto em um capítulo exclusivo, pois é necessário dedicar algumas linhas especialmente a ele. O mesmo vale para os maus hábitos, o sono ou a preguiça de se levantar do sofá e fazer exercícios. Não se preocupe, pois mais adiante solucionaremos todos esses assuntos.

Viciados em fazer

Por que é tão difícil nos desvencilharmos de tudo isso? Por que é tão difícil cortar esses vícios ou maus hábitos? Por que Ferran tinha aquela rotina diária tão desastrosa? Será que ele não via como lhe fazia mal? Será que ele era mais feliz com aquela desordem?

Quando você é movido por recompensas imediatas, sente o tempo todo essa neuroquímica dentro de você; passa o dia todo querendo mais, e os circuitos de dopamina são alterados. Nós nos tornamos viciados em viver condicionados a essa satisfação de curto prazo. Se não a conseguimos, sentimos um vazio, nos falta esse prêmio. É possível concluir definitivamente que Ferran era um viciado em dopamina.

Todo esse estresse constante faz com que o córtex pré-frontal não esteja tão presente e não possa controlar os impulsos reativos do sistema límbico. Se a amígdala é a que está no controle, já sabemos o tipo de decisões que tomaremos. As mesmas de sempre. Repetir padrões, hábitos, agir no piloto automático. A razão não está ativa para nos impedir. E chega um ponto em que andamos como uma barata tonta, fazendo tudo por fazer.

Isso, hoje em dia, é mais normal do que parece. Pelo menos, foi o que se constatou em um estudo publicado na revista *Science*, em 2014, em que foi pedido a cada participante que se sentasse sozinho em um quarto vazio durante um período de seis a quinze minutos, sem celular, sem nenhum tipo de estímulo. O que aconteceu? A metade das pessoas confessou ter ficado muito mal durante esse tempo!

Entretanto, a história não termina aqui. O experimento foi repetido depois, mas dessa vez foi colocada no quarto vazio uma máquina de choque elétrico. Adivinhe só...

> 67% dos homens e 25% das mulheres preferiram dar choques em si mesmos e sentir dor a ficar sem fazer nada no quarto durante poucos minutos! Não é incrível? Nós somos ótimos!

Esse é o grau de nosso vício em fazer algo, e tudo para nos sentirmos produtivos e valorizados.

O pior é que essa hiperatividade é tão bem vista pela sociedade que, muitas vezes, é difícil lutar contra ela. Dá medo. Parece que, se pararmos, nos tornaremos zeros à esquerda ou acabaremos fracassados e vagabundeando sozinhos debaixo de uma ponte.

> Se você não tem nada para fazer, terá que encarar a ansiedade.

Pense naqueles momentos em que você se jogou na cama, sozinho, e teve que enfrentar a ansiedade. Foi pior ainda, não?

SE O HOMEM DE FERRO CONSEGUE, POR QUE EU NÃO POSSO?

Já contei como era minha rotina de ansioso da primeira à última hora do dia. Como você identificou depois de tudo o que Sara nos explicou, essa rotina não fazia com que minha ansiedade desaparecesse, pelo contrário. Isso foi o que me levou a sofrer paralisia e a passar horas na cama sem conseguir me levantar.

No entanto, como tudo na vida, um dia vem após o outro. No fim, o que é isso, senão a existência?

Eu me lembro do dia em que tudo mudou. Naquela época, estava viciado em desenhos animados, como já disse antes, mais especificamente em uma série chamada *One Piece*. Interminável, nunca vi nada na vida com aquela quantidade de episódios tão sem sentido, mas isso é outra história. A questão é que todas as noites eu devorava episódios daquela porcaria como se não tivesse fim. E, como qualquer série, era fácil me ver representado pelos personagens. O protagonista era um menino meio bobo, mas de bom coração; na verdade, o protótipo do herói japonês. Eu o via e pensava: "É igual a mim."

E era verdade, nos parecíamos bastante, mas somente em como éramos bobos. Eu não colocava em prática nenhum dos princípios que aquele personagem tentava ensinar.

1. O esforço: como princípio para conseguir seus objetivos;
2. A lei do espelho: seja bom com os outros e os outros serão bons com você;
3. O princípio da igualdade: não existem pessoas boas ou más, existem pessoas doentes; ajude-as como puder.

Esses eram mais ou menos os princípios que a série queria transmitir aos espectadores. E, como disse, eu não colocava nenhum deles em prática. Passava o dia me queixando da vida, e o restante da humanidade era um bando de idiotas que não entendia nada.

Outro grande hobby que eu tinha naquela época era a leitura de histórias em quadrinhos. E naquele ano, a Marvel lançou o primeiro filme do que depois viria a ser um dos universos cinematográficos mais incríveis da história do cinema: *Homem de Ferro*.

A história de Tony Stark, interpretado no filme por Robert Downey Jr., é sobre um fabricante de armas multimilionário que sofre uma transformação depois de ser sequestrado durante uma viagem de negócios. A nova maneira de ver o mundo que ele passa a ter o leva a mudanças de hábitos e de atitudes perante a vida. Por fim, ele se transforma no Homem de Ferro, um super-herói capaz de salvar o mundo e, mais adiante, até o universo.

A título de curiosidade, quero contar que o diretor do filme, Jon Favreau, explicou que esse ator foi escolhido para interpretar o personagem devido às semelhanças de sua vida real com a fictícia. No fim, todos passamos pela jornada do herói, ou, pelo menos, os que não se rendem no meio do caminho.

A questão é que assisti ao filme e algo fez um clique no meu cérebro. Talvez Sara saiba nos explicar em seguida o que aconteceu dentro de mim. Mas eu entendi tudo. Eu não poderia ser o Homem de Ferro se não me esforçasse para isso. Aquele, sim, era um super-herói com princípios; não tinha sido picado por uma aranha radioativa nem tinham injetado nele um soro que o fizera invencível. Ele tinha conseguido tudo por meio do estudo, do próprio esforço e da aplicação do que tinha aprendido.

O que eu tinha feito até aquele momento para sair da ansiedade? Vou lhe dizer. Eu tinha procurado uma aranha que me picasse ou um cientista louco que injetasse em mim a solução. Mas isso não existe. E se existisse... Quantos Michael Jordan, Albert Einstein ou Steve Jobs você já viu em sua vida? Um em cada quantos milhões de seres humanos? Porém, há muita gente que consegue alcançar seus objetivos sem, em princípio, ter um dom especial ou uma facilidade sobre-humana para algo concreto. Não quero dizer com isso que aqueles que "têm o dom" não precisam se esforçar; a obsessão de Michael por treinar é conhecidíssima hoje em dia, assim como a organização de Jobs no trabalho.

Então, dias depois de assistir ao filme e refletir sobre o assunto, coloquei as mãos na massa. Peguei uma grande folha de papel e montei um horário. Naquele momento, foi tudo muito mal planejado – daqui a pouco ensinarei a fazer um bem-feito –, mas o fato é que funcionou.

No dia seguinte, o primeiro alarme soou às sete da manhã, e eu consegui me levantar, mesmo que a contragosto, pois provavelmente tinha dormido umas três ou quatro horas. A primeira tarefa do dia era praticar qigong e fazer alongamento; e eu a cumpri. A segunda era tomar um café da manhã saudável e substituir o café por um chá verde; a verdade é que foi um bom começo. Depois, cumpri algumas horas de trabalho; me sentia muito mais concentrado, mesmo com sono. Em seguida, um almoço à base de salada e peixe grelhado (como não fazia nem ideia de como cozinhar, era a única coisa que me atrevia a fazer); fiquei com fome, mas aguentei. Com o tempo, meu estômago foi se acostumando graças aos substitutos para os doces que eu encontrava. Daqui a pouco, falarei mais disso também, e tenho certeza de que Sara tem um monte de coisas para nos dizer sobre o que acontece com o cérebro de acordo com a comida que ingerimos.

Após comer, tirei um cochilo e trabalhei um pouco mais até a hora do jantar. Depois de comer, um pouco de televisão e então fiz, agora acredito, o que foi mais difícil para mim: desligar a tela e ler. Que maravilha de hábito! Nunca mais o deixei.

Finalmente uma sessão de respiração e cama!

Repeti isso todos os dias. Em alguns, fiz tudo; em outros, mais ou menos. Mas terminei implementando esses hábitos, convencido de que minhas conexões neurais estavam se transformando completamente. O que sei com certeza é que aquele dia mudou o resto da minha vida.

Mudar e instaurar

Você viu que Ferran modificou muitas coisas. Eu me lembro de que, em uma reunião de equipe para a curso *Bye bye ansiedad*, falamos sobre os hábitos e discutimos a importância que tinham no projeto. Ferran concluiu rapidamente que eram prioridade máxima e nos disse:

> Criar novos hábitos mudou tanto minha vida que estudei durante anos o que acontece quando conseguimos modificá-los e o que fazer para tornar isso possível. Acredito firmemente que os hábitos são a ferramenta para

conseguirmos aquilo que nos propomos na vida. Estabeleça um objetivo; aquele que quiser. Garanto que, com bons hábitos e um bom planejamento para colocá-los em prática, você conseguirá alcançá-lo. Desde o dia em que comecei a implementar essas novas rotinas, não só superei a ansiedade como publiquei dois livros e montei uma empresa que ajuda mais de duas mil pessoas por ano a vencer a ansiedade e que figura no primeiro lugar entre as empresas espanholas no seu setor. Além disso, na vida pessoal, saí de um relacionamento tóxico, me casei novamente com uma mulher maravilhosa e tive três filhos fantásticos. Tudo isso graças aos hábitos.

Acredito que, neste momento, lendo este discurso, você se sinta motivada a começar a trabalhar em seus novos hábitos. Trabalhar com hábitos trouxe coisas muito boas para a minha vida também.

Meus amigos sempre me definiram como uma pessoa muito disciplinada que consegue tudo aquilo a que se propõe. O segredo? Seguir bons hábitos. Sobretudo, ser constante, dia após dia. E, como bem disse Ferran, se você os cumpre, cada dia estará mais perto de alcançar seus objetivos. Graças a eles, pude me formar em física e completar um doutorado em neurofísica com honras. Tudo isso enquanto dançava todas as tardes, atuava em espetáculos, mantinha um relacionamento e saía com meus amigos. E, para trazer um exemplo mais próximo, durante esse ano pandêmico, graças aos bons hábitos, pude conciliar o trabalho no instituto UBICS com as aulas e a ioga, os cursos online do *Bye bye ansiedad* e a escrita deste livro. E, sim, continuo mantendo um relacionamento e amigos bem próximos. Se você se planejar direito, eu garanto que é possível. Espero que se sinta representada por nós dois e veja que, sim, você consegue.

Permita-me dar-lhe uns conselhos provenientes da minha experiência pessoal para que você não deixe de pôr em prática os novos hábitos e não volte à sua antiga vida. Busquemos uma maneira para que eles se tornem permanentes, para que essas novas conexões neurais sejam fortes e constantes. Vejamos:

Comece com pequenos passos

Crie objetivos plausíveis. É difícil realizar tudo. Se você se propuser a praticar um esporte, é melhor 15 minutos por dia do que uma aula de uma hora e meia uma vez por semana.

Nunca faça nada movido pelo medo

Ao sentirmos medo, mudamos, mas só temporariamente. A foto de pulmões escurecidos nos maços de cigarro não funciona. Eu não quero pensar: "Não quero beliscar entre as refeições senão vou engordar" ou "Fumar mata". As pessoas assimilam melhor a informação com coisas positivas. Já foi comprovado que o impacto dessas advertências é limitado.

Aplique o incentivo social

Se os outros fazem, eu também vou fazer, assim ganho aprovação. Somos seres sociais e queremos fazer tudo certo. Se vemos que nove de cada dez pessoas que sofrem de ansiedade fazem determinada coisa, isso nos incentivará a fazer o mesmo.

Recompensas imediatas

Faz sentido que o cérebro se deixe levar pelas recompensas do momento. O futuro é impreciso. Preferimos escolher algo que é garantido agora a algo incerto no futuro. Se somos premiados no momento pelas ações que fazemos, iremos querer repeti-las. Alguns estudos mostram que se somos premiados no começo, ao implementarmos hábitos saudáveis, esse efeito dura por, pelo menos, seis meses. Tendemos a repetir aquilo que nos gera prazer. É simples assim.

Como o cérebro tende a evitar o sofrimento, a dor, e a buscar o prazer, priorizamos a comodidade. Parece uma boa notícia, não é verdade? O que acontece é que, às vezes, esse prazer pode fazer com que nos sintamos culpados, porque talvez não seja o que queremos para conseguir alcançar nossos objetivos.

> Quando temos pouca comodidade, nos sentimos mal. Se temos muita comodidade, nos sentimos ótimos. Contudo, se buscamos comodidade demais, voltamos a nos sentir infelizes. É o yin e o yang, a busca pelo equilíbrio da qual fala a maioria das filosofias antigas.

O mesmo acontece com o estresse. Um pouco é ótimo para que a gente execute tudo de maneira excelente; se não houvesse estresse, não faríamos nada o dia todo, mas o estresse em excesso nos bloqueia, tudo se escurece, e aí você já sabe como fica o cenário. Podemos resumir com a frase: "Tudo está bem na medida certa; o problema é abusar."

4

O que comer se você sofre de ansiedade?

O DIA EM QUE VOCÊ SE SENTE LEVE

— Assim, sabe? — me disse enquanto dava a primeira mordida a caminho de casa.

Já fazia um tempo que eu tinha implementado hábitos saudáveis em minha nova vida, meses desde que tinha deixado de fumar e beber, e, de alguma maneira, naquela manhã de primavera, minhas papilas gustativas dispararam. Anos depois de não prestar atenção a nada, eu me lembrei do sabor da banana.

Minha alimentação nos últimos meses tinha variado completamente. Sem ter nenhuma ideia de nutrição, tinha dado o passo mais simples: abandonar as pizzas e o fast food e introduzir frutas, verduras e peixe na minha dieta. Apenas com essas mudanças, a diminuição dos meus sintomas de ansiedade era notável. Mas eu queria ir mais além; sou tão teimoso e inconformista assim.

Eu me inscrevi em um curso de alimentação natural e energética. De início, o título não era muito convidativo, mas a ementa me convenceu. Foi realmente por meio desses estudos que comecei a pesquisar sobre a nutrição, a modificar não só o que eu comia, mas a maneira de preparar os alimentos.

A primeira medida que tomei foi fixar meus horários de refeição todos os dias na mesma hora. Isso foi imprescindível para fazer minha fome por ansiedade entender que tinha que deixar de encher o saco o tempo todo, pois havia determinadas horas que ela sabia que receberia alimento e, consequentemente, energia. Parece mágica quando você implementa um hábito tão poderoso em sua vida; com certeza o cérebro faz as suas quando isso acontece.

Ao fixar horários para as refeições, consegui não sentir fome em todos os momentos, que era o que acontecia até então. É como um ciclo do qual você não consegue sair. Comer diminui a ansiedade, mas cada vez você precisa ingerir mais alimentos, e piores, para se acalmar. Por sorte, pus fim a esse ciclo. Precisei de força de vontade e que meus objetivos fossem claros; já adianto a você que nossa atitude é tudo nessa vida.

Contudo, estabelecer horários não foi a única coisa que me ajudou a conseguir isso. Também eram imprescindíveis o que e como eu comia nessas horas. Precisei me dedicar a isso. Comecei a observar quais alimentos faziam minha ansiedade aumentar e passei a reduzir o básico: a cafeína, o açúcar e os processados. A mudança foi enorme. Meses depois, eu nunca sentia vontade de comer nenhuma dessas delícias, que antes eram uma constante em minha vida. Sem dúvidas, eu estava me transformando, minha maneira de comer estava melhorando inclusive minha personalidade.

Lembro que o maior desafio foi reduzir o açúcar. Como sou metido, o que fiz foi eliminá-lo da minha vida de um dia para o outro para depois poder introduzir o que eu realmente quisesse. Não recomendo que você faça isso, é melhor ir aos poucos e sem sofrimento.

Nessas primeiras semanas, eu até suava frio; toda vez que passava pela vitrine de uma confeitaria, ficava louco, literalmente. Sei que nosso cérebro primitivo entra em jogo aqui e, com certeza, Sara pode nos falar sobre esse assunto.

Eu substituí o café pelo chá; eu sei, não precisa implicar, também tem cafeína, ou teína. No fim, é a mesma substância. Mas a redução foi muito notável, passei de cinco cafés por dia para apenas alguns goles de chá. Isso também me ajudou muito a parar de fumar, por conta da associação entre café e cigarro. Além disso, o chá tem L-teanina, uma substância que ajuda a relaxar, então não é exatamente a mesma coisa.

Eu me lembro de quando Sara me falou sobre o tabaco e sua relação com a ansiedade; ela me disse que o neurotransmissor que simula a nicotina é a acetilcolina, que faz com que, em princípio, nos sintamos relaxados. Entretanto, é sabido que o tabaco faz com que seja liberada a adrenalina, um dos hormônios do estresse. E, obviamente, também ativa todo o circuito de recompensa. Em resumo, o tabaco estimula e aumenta a ansiedade. De fato, verificou-se que o hábito de fumar é mais comum entre pessoas que sofrem com transtorno de ansiedade. Então, você já entendeu.

Banho de dopamina

Tudo o que percebemos por meio das papilas gustativas e do olfato chega ao cérebro. Graças a isso, sentimos o gosto e desfrutamos daquilo que comemos. Mas por que alimentos que sabemos que não são saudáveis nos causam prazer e nos viciam?

Primeiro, vamos contextualizar retrocedendo milhares de anos, como sempre. Nossos antepassados precisavam ingerir:

- Alimentos salgados para obter os minerais necessários;
- Carne para obter proteínas suficientes;
- Alimentos gordurosos e doces para criar reservas de energia e armazenar gordura para épocas de escassez.

Pense que nossos antepassados consumiam basicamente comida pouco calórica, como verduras, tubérculos e frutas, e os alimentos com gordura e açúcar eram escassos. Quando tinham uma oportunidade, eles se empanturravam só para garantir, já que não sabiam em que momento poderiam comer algo calórico novamente. Por isso, quando você come, é ativado o circuito de recompensa, a rede neural que libera dopamina sobretudo no núcleo accumbens, apesar de outras zonas estarem envolvidas nesse processo, como a amígdala, o hipocampo e o córtex pré-frontal. Esse neurotransmissor é o que nos incita a buscar prazer e faz com que não consigamos parar de comer.

> A parte primitiva do cérebro segue pensando que a comida que contém açúcar ou gordura é escassa, então, para garantir, o encoraja a seguir em busca dela, fazendo com que sinta prazer ao comê-la.

O cérebro gosta de tudo o que você come que lhe dá energia!

Você precisa de glicose como combustível não só para que todos os processos fisiológicos do corpo funcionem bem, como também para o bem-estar do próprio cérebro, que, como você já sabe, é o órgão que gasta mais energia em relação ao seu peso. Isso não me parece estranho, já que ele não descansa nunca. O cérebro evoluiu de modo a fazer com que você sinta prazer ao comer esses alimentos que nossos antepassados precisavam ingerir para manter um bom equilíbrio fisiológico homeostático.

> Graças aos alimentos gordurosos e doces, o cérebro pôde se desenvolver e evoluir até a maravilhosa versão que temos hoje.

Em parte, é melhor que comamos alimentos mais calóricos que nossos antepassados porque, para manter um cérebro como o que temos atualmente, eles teriam que passar o dia todo comendo.

O cérebro toma um banho de dopamina toda vez que comemos esses alimentos. Quando abusamos de alimentos ricos em açúcar, a exemplo de doces de padaria ou chocolate, a dopamina é liberada constantemente no núcleo accumbens até criar um vício. Por isso que, ao parar de comê-los, Ferran notou sintomas como suor frio, de modo semelhante a qualquer viciado em drogas. Para poder sentir os mesmos níveis de dopamina ou de recompensa no cérebro, queremos cada vez mais. Por isso, às vezes é necessário ter cuidado com essa conversa de "dar a seu corpo o que ele pede". Se foi desenvolvido um tipo de vício com esse tipo de alimento, é normal que o corpo, ou melhor, o cérebro sempre o peça. Por outro lado, quanto menos você comer, menos vontade sentirá de comê-lo. Também há outras teorias que apontam que nos tornamos viciados para não sentir os efeitos da abstinência ou os efeitos negativos de não consumir determinadas substâncias. No caso do açúcar, por exemplo, muitas vezes, depois do pico de energia, vem a queda, o cansaço, e, para não sentir isso, voltamos a tomar essa dose de energia. O mesmo acontece com o café.

Assim, vimos que comer gorduras e açúcares antigamente só trazia vantagens, mas, hoje em dia, sabemos que representa um risco para a saúde. Esse tipo de alimento afeta todo o corpo de forma muito negativa, além de prejudicar o cérebro.

> O consumo abusivo de alimentos ricos em gordura, açúcar ou sal dispara ainda mais a ansiedade!

Alguns fazem isso de forma indireta, já que muitos desses alimentos alteram o sistema nervoso e aumentam os níveis de cortisol, que, como já vimos, é justamente o que temos de sobra quando sofremos de ansiedade.

Não jogue toda a culpa na evolução de nossa espécie, não vamos tirar o corpo fora.

A educação que recebemos também nos afeta. Quantas vezes nossos pais nos recompensaram com um doce na saída da escola ou depois que terminamos uma tarefa? Da mesma maneira, somos marionetes de muitas estratégias adotadas pela indústria alimentícia para que desenvolvamos vício por esses alimentos. Quem trabalha nessa indústria conhece tudo o que estamos explicando aqui e se aproveita dessa informação e de muitas outras que não teremos tempo de esmiuçar detalhadamente neste livro. Entretanto, é importante que você saiba que as cores e o gosto de muitos alimentos são modificados para que você tenha mais vontade de devorá-los ou para que continue comendo-os durante muito mais tempo sem enjoar.

Agora que você tem essa informação, guarde-a bem em seu hipocampo e utilize a parte racional do cérebro, seu córtex pré-frontal, para decidir qual tipo de alimento quer ingerir e fazer uso de sua força de vontade para resistir e comer bem. Sei que, quando você sofre de ansiedade, tudo isso se torna mais difícil, já que o cérebro tende a ser controlado pela amígdala nesses momentos, mas será muito mais simples quando começar a pôr os bons hábitos em prática, você vai ver.

Agora vamos analisar esses três tipos de alimentos de maneira um pouco mais específica. Muitos deles são pró-inflamatórios, ou seja, ativam o sistema imunológico, fazendo com que o cortisol venha ao resgate para poder combater a inflamação, causando consequentemente o aumento da ansiedade.

Glicose

Já falamos que a principal energia de que o cérebro precisa para funcionar é a glicose, que também é consumida por qualquer outro órgão e célula do corpo. Contudo, não é necessário ingerir especificamente açúcar nem alimentos doces para obtê-la, já que todos os alimentos que comemos acabam sendo reconvertidos, em maior ou menor medida, em glicose. Em especial, o tipo de alimento mais fácil de ser reconvertido é o grupo dos carboidratos, como cereais – dos quais os melhores são os integrais, como veremos mais adiante –, tubérculos, legumes, laticínios, frutas e verduras.

> O açúcar não contém nenhum nutriente essencial, apenas lhe dá um pico de energia imediata, um montão de calorias, nada mais.

Tenha cuidado principalmente com as bebidas açucaradas, já que quando você as bebe o cérebro não está tão consciente das calorias que consome. Você pode se empanturrar infinitamente de Coca-Cola ou de um milk-shake de chocolate, que têm uma quantidade enorme de açúcar, muito prejudicial para a saúde, e não ter consciência disso, uma vez que eles o enganam e não saciam tanto. Cuidado também com o edulcorante artificial; parece que o circuito de recompensa também é ativado quando o tomamos, e a leptina (hormônio que regula o apetite) não consegue dizer ao cérebro que você está satisfeito, já que as calorias são baixas, então para acalmar essa ânsia, provavelmente, você vai acabar comendo ou bebendo algo com açúcar.

Sal

Um artigo publicado na *Nature Neuroscience* apontou que experimentos em camundongos demonstraram que o excesso de sal pode causar mudanças no sistema imunológico capazes de afetar a função cognitiva e provocar demência.

> Comer muito sal pode ter efeitos no sistema cardiovascular e provocar hipertensão, insuficiência renal ou AVC.

A microbiota, da qual falaremos mais adiante, é afetada quando você ingere sal, fazendo com que os níveis de inflamação no corpo aumentem.

Lembre-se de que, quando eu falo de cada um desses alimentos, estou me referindo sempre ao consumo excessivo; se você passar para o outro extremo e deixar de consumi-los, também terá problemas, embora de outro tipo.

Novamente, o melhor é comer alimentos que já tenham sal naturalmente, e ter cuidado especial com aqueles que têm sal de maneira oculta, como é o caso dos alimentos processados.

Gorduras

O consumo excessivo de gorduras, como as gorduras saturadas que encontramos em embutidos, patês, manteigas, laticínios com creme adicionado, na padaria ou confeitaria industrial e na carne, pode trazer muitos danos para o corpo e o cérebro em particular.

> A gordura pode se depositar em forma de placas em artérias que estão dentro do cérebro e naquelas que chegam até ele. O rompimento de uma dessas placas pode provocar um AVC.

Entretanto, atenção! O cérebro precisa consumir gorduras, já que elas são seu principal componente, auxiliam no seu bom funcionamento e representam uma fonte de reserva energética para o corpo. Uma dieta pobre em gorduras pode significar a deterioração da circulação elétrica entre os neurônios e o isolamento dos nervos. Isso pode, inclusive, afetar o ciclo menstrual. Então, é melhor comer gorduras boas, que podem ser encontradas no abacate, nas frutas secas, nos laticínios e no rei das gorduras saudáveis, o ômega-3. Muito importante para aumentar os níveis de serotonina, que elevam o estado de ânimo, o ômega-3 é maravilhoso para o bom funcionamento do cérebro. Na prática, os ácidos graxos ômega-3 promovem a formação de membranas que rodeiam os neurônios e melhoram a eficiência cerebral. Essas gorduras saudáveis podem ser encontradas em peixes azuis, como salmão, anchova ou atum. Também estão presentes em algas marinhas, nozes ou sementes de abóbora. Ao que parece, comer gordura de peixe previne o risco de desenvolver demência ou Alzheimer.

> O peixe é o melhor amigo de um ansioso.

Café e bebidas estimulantes

O principal problema do café ou de outras bebidas estimulantes é o fato de que elas superexcitam o sistema nervoso e hiperativam o organismo, o que pode provocar ansiedade, nervosismo e insônia. No caso do café, há pessoas que não são afetadas pelo seu consumo, mas se você sofre de ansiedade e percebe que não faz parte desse grupo de privilegiados, é melhor passar a tomar bebidas sem cafeína ou com doses menores, como alguns chás. Muito bem, Ferran! Na verdade, o chá verde melhora as funções cognitivas, já que aumenta a conectividade entre os neurônios.

Mas, voltando ao café... Como essa bebida age no cérebro? Pois bem, ela bloqueia o neurotransmissor chamado adenosina, produzido quando estamos ativos e que se encarrega de inibir a atividade cerebral, provocando efeitos sedativos.

> Quando estamos inundados de adenosina devido ao desgaste do dia, essa sobredose faz com que nos sintamos cansados e com sono.

Quando Ferran conta que começou a se conectar com seu corpo, é muito provável que, nessa época, seus níveis desse neurotransmissor tenham começado a se normalizar.

O café é um espião inimigo infiltrado. O que ele faz é substituir a adenosina e se inserir nos receptores em que ela deveria estar, bloqueando assim sua entrada e impedindo que você sinta o seu efeito. Por isso, você fica mais desperto e alerta, independentemente do quão cansado esteja. Se você bebe muito café, porém, o cérebro cria mais receptores desse neurotransmissor para compensar o excesso que vem de fora, fazendo com que você tenha que beber cada vez mais para poder funcionar.

Quantos cafés você toma por dia?

Quando você deixa de tomar café, o cérebro demora uma ou duas semanas para normalizar o número de receptores de adenosina. Durante esse tempo, sintomas como a enxaqueca são frequentes. Talvez, para não sofrer esses efeitos secundários, você vacile e volte a recorrer ao café, mas, agora que você já sabe, pense que, em poucos dias, isso passa e você se sente muito mais calmo.

Álcool

O álcool atua em diversas partes do cérebro e interage com outros neurotransmissores. Ele bloqueia a função excitatória dos neurotransmissores chamados NMDA, acalma a atividade neural e, além disso, potencializa o GABA, como se fosse um ansiolítico.

Se você consumir álcool durante muito tempo, para compensar essa inibição extra, o cérebro vai aumentar de novo a excitação; esse estímulo afetará o sistema nervoso e a ansiedade piorará.

> O álcool é geralmente uma péssima ideia. Mas se você sofre de ansiedade, é ainda pior.

O álcool também atua no circuito de recompensa liberando dopamina e endorfinas, que, como você sabe, são as responsáveis por você querer mais e sentir prazer ao beber, até desenvolver o vício, como ocorre com qualquer outra droga.

Grandes quantidades de álcool alteram as concentrações de serotonina e noradrenalina, o que faz com que você sinta mudanças importantes em seu estado de ânimo e estresse.

O córtex pré-frontal também é afetado, por isso, sob os efeitos do álcool, é mais difícil usar a parte racional do cérebro, o que o torna mais impulsivo e menos consciente de seus atos. A funcionalidade do hipocampo também sofre os efeitos do álcool, e você pode experimentar lapsos de memória. Ele chega a destruir neurônios nessa área do cérebro ou a impedir que novos neurônios cresçam.

O consumo frequente de álcool está relacionado com a perpetuação da ansiedade. Tenha em mente também que beber álcool é, infelizmente, uma forma muito comum de evitar a ansiedade e não enfrentar o problema.

DEPOIS DE LIBERAR TUDO AQUILO QUE ENTROU

Era o meio da tarde e já estava perto da hora de jantar. De uma maneira drástica, eu tinha conseguido eliminar tudo aquilo que me causava ansiedade. A comida não era uma exceção, e eu sentia a mudança no meu físico, mas também em meu ânimo. Naquele dia, decidi dar um passo a mais. Precisava estudar todos os alimentos que deveria incorporar à minha alimentação antiansiedade.

Naquele momento, eu me sentia muito bem comigo mesmo. Quando começamos a conquistar nossos objetivos, nosso ânimo muda totalmente. Eu estava me aproximando a passos largos daquela versão de mim mesmo que eu gostava de ver. Foi nessa época que comecei a planejar minha nova vida.

Eu não tinha um trabalho e comecei a viver de minhas economias, da ajuda de meus pais e do que o governo ainda me pagava. Tinha que começar a ganhar a vida de qualquer maneira. Tudo aquilo que me lembrava de minha vida passada me causava aversão; na verdade, esse é outro assunto que precisei trabalhar com os anos. Então descartei voltar para o audiovisual ou o comércio. O que eu poderia fazer?

Enquanto pensava em meu futuro próximo, continuava estudando alimentação. Além disso, estava fazendo um curso de psicologia budista que me ajudava muito a compreender o mundo e continuava meus estudos de medicina chinesa.

Com o tempo e as leituras sobre o tema, descobri que não somente precisava eliminar alguns alimentos de minha vida como também deveria introduzir ou aumentar o consumo de muitos outros. E essa foi a mudança definitiva. Reinterpretar a maneira de me alimentar reduziu muito meus sintomas; também deixei de comer por ansiedade e comecei a escutar as necessidades do meu corpo. Não sei se é o seu caso, mas essa sensação de cansaço constante provocava minha ansiedade, e eu não gostava nada daquilo.

Alguns meses depois de fazer essas mudanças, meu ânimo e minha energia eram impressionantes, eu havia começado a me sentir como o Homem de Ferro. Tinha conseguido. E, claro, não havia nem sombra dos sintomas de ansiedade. Evidentemente, junto da alimentação, eu estava trabalhando outras coisas, as quais contarei na ordem certa ao longo do livro. Ainda me restam algumas pequenas batalhas.

Uma lâmpada se acendeu. E se meu futuro tiver a ver com isso? Por que não ajudar os outros a não ficarem como eu fiquei? Durante anos, eu tinha me sentido muito sozinho com meu transtorno... Eu poderia fazer com que os outros não se sentissem assim?

Então comecei, pouco a pouco, a organizar tudo e a criar um sistema que pudesse acompanhar outras pessoas em um processo parecido com o que passei.

Quando eu era pequeno, na televisão catalã havia um esquisitão disfarçado de super-herói ecológico chamado Capitão Alface. Esse super-herói de segunda classe tinha uma grande frase que soltava logo depois de vencer os vilões: "As pequenas mudanças são poderosas." E isso é verdade. Aquele homem de pijama verde tinha razão: você começa mudando a alimentação e, logo em seguida, verá o poder dos hábitos e tudo o que acontece em seu cérebro.

Quando esse personagem desapareceu da televisão – tenho que reconhecer que eu adorava suas aventuras –, correu o boato de que o ator tinha morrido de overdose. Acredito que a cultura do medo e das drogas nas crianças dos anos 1990 seguia firme e forte. Mas que nada! Já adulto, procurando as aventuras do meu personagem no YouTube, vi que o ator tinha feito muitas outras coisas na vida. Fiquei muito feliz com a notícia. E, de alguma maneira, superei um pequeno medo dentro de mim relacionado à mentira: aquele homem estava tendo uma vida maravilhosa, enquanto eu me sentia aterrorizado pelo medo de acabar morrendo de overdose, assim como ele.

Alimentos para diminuir os níveis de ansiedade e melhorar o funcionamento do cérebro

Vamos fazer uma lista de compras para você saber o que colocar na cestinha nesta semana.

Já falamos sobre o ômega-3; ele é importantíssimo. Alimentos com alto nível de magnésio também ajudam a relaxar o sistema nervoso e os músculos. A deficiência de magnésio pode estar relacionada com o aumento da ansiedade, insônia e nervosismo. Alimentos ricos em magnésio e zinco ajudam a melhorar a função cerebral.

> As sementes de abóbora, as amêndoas, o abacate, o espinafre e as ostras são ricos em magnésio e zinco.

Se você quer cuidar de seu cérebro, melhorar sua capacidade cognitiva e seu estado mental e diminuir a ansiedade, não podem faltar em sua dieta os alimentos que contêm vitamina B. Grande parte dos alimentos que têm vitaminas do grupo B auxilia na formação de neurotransmissores e potencializa a concentração e a memória. É só vantagem!

> As frutas secas, a sardinha, o espinafre, os ovos, a aveia, a soja e as frutas em geral contêm vitaminas do grupo B.

Um déficit de cálcio também pode provocar alterações no sono, palpitações e agitação. Então, não podemos nos esquecer de incluí-lo na dieta, assim como todo o tipo de vitaminas. Principalmente, as vitaminas C, D, E e K podem ser benéficas para o cérebro.

> As nozes são ricas em vitamina E. O brócolis, em vitamina K.

Existem alimentos que auxiliam na formação de novos neurônios e de novas conexões (BDNF), como:

> O cacau puro, as avelãs, as amêndoas, os mirtilos ou a cúrcuma ajudam na formação de novos neurônios e conexões.

Apesar de tudo o que você sempre ouviu sobre colesterol, existe o colesterol bom (HDL), essencial para manter os neurônios vivos e saudáveis.

> As azeitonas, o abacate, os ovos, os peixes azuis e o azeite de oliva são recomendados para se obter bons níveis de colesterol bom (HDL).

No fim, você está vendo que cuidar da saúde, reduzir a ansiedade e, ao mesmo tempo, mimar o cérebro no que se refere à alimentação é tão fácil quanto seguir a grande dieta mediterrânea! Esse é o segredo para ter um cérebro bem alimentado e feliz.

CONTINUAVA LIBERANDO

Um dos próximos passos em minha vida pessoal foi começar a comer tudo em prato de sobremesa. Por quê? Muito simples: isso me ajudava a me escutar. Depois de cada prato, eu esperava dez minutos; se ainda estivesse com fome, repetia, mas, se não, parava de comer naquele momento. Emagreci trinta quilos em poucos meses. A nutricionista da equipe, Teresa Morillas, sempre me disse que essa ideia foi genial e que agora ela faz essa recomendação a muitos de seus pacientes. Ponto para mim.

Além disso, mudei um hábito que tenho certeza de que me ajudou a permanecer tranquilo. Procurei um lugar quieto para comer, sem televisão ou telefone. Sem telas, vejam só. E isso fez com que eu começasse a comer mais devagar. Preciso dizer que esse é um hábito que às vezes perco, mas logo percebo e tento recuperá-lo o mais rápido possível.

Quando era adolescente, naquela época da qual lhe falei no começo do livro, eu me alimentava ao estilo Son Goku. Não sei se você já viu o personagem de mangá mais famoso da história comendo. Ele não come, engole! E eu fazia o mesmo. Se ia a um restaurante com um amigo, ele ainda nem tinha começado a salada e eu já estava na sobremesa ou, se ele se distraía conversando, pedindo a conta. Hoje, ainda tenho que repetir para mim mesmo "Sem correr", "Coma devagar". Quando consigo, os alimentos me caem bem melhor e os aproveito muito mais. O dia em que não consigo fazer isso, porque estou com pressa ou porque preciso comer algo rápido fora de casa, eu sinto.

O *debate cerebrointestinal*

O intestino é o segundo cérebro.
Você já ouviu isso alguma vez?
Bem, isso é dito porque esse órgão está recoberto por uns duzentos milhões de neurônios que formam o sistema nervoso entérico, que faz parte do sistema nervoso autônomo, o qual tem a função de controlar a digestão. No entanto, se compararmos o número de neurônios que existem no intestino ou no coração com os que existem no cérebro, isso não é nada. Por isso, muitos cientistas são contra chamá-los de segundo ou terceiro cérebro respectivamente.

> Existe uma comunicação intestino-cérebro constante e bidirecional.

Há diferentes vias de comunicação. Uma delas está no nervo vago, que se ramifica para os principais órgãos do sistema digestivo e envia impulsos nervosos de via rápida para o cérebro com a finalidade de informar como está esse sistema e ir controlando a fome e o consumo de alimentos no curto prazo. Também foi comprovado que existe uma comunicação de via lenta no nível hormonal do sistema endócrino. Entre esses hormônios, vale a pena mencionar a grelina, que desperta o apetite e, por isso, é conhecida como o "hormônio da fome", e a leptina, que é aquela que o inibe. Mais adiante, veremos como esses dois hormônios ficam loucos quando não dormimos bem.

É importante comer devagar, mastigar muito, para que o cérebro possa ir recebendo todos os sinais do que está acontecendo. Comer em pé, rápido ou na frente do computador sem estar consciente faz com que você não se sinta saciado e ingira comidas muito mais calóricas.

As papilas gustativas enviam para o cérebro sinais das qualidades e dos nutrientes dos alimentos que estão entrando, enquanto o nervo vago lhe comunica o tipo e a quantidade de comida ingerida. Esses sinais de saciedade são enviados ao cérebro por meio do nervo vago, o que permite que a digestão ocorra de uma maneira ideal.

> Tente comer com tempo, de maneira consciente e em um lugar em que possa estar relaxado.

Sei que isso parece difícil em nossa sociedade, mas eu garanto que a diferença é muito notável.

Microbiota: sua colega de apartamento

Se você pensa ou sente que está sozinho, está enganado! Com você, ou melhor, dentro de você, vivem vários bichinhos, basicamente bactérias. Podemos dar um nome a cada uma delas se quisermos, mas, em geral, são chamadas de "microbiota".

Quando digo que são vários, não é exagero: cem trilhões de micro-organismos convivem com você. Noventa e cinco por cento deles estão localizados dentro do cólon e pesam, juntos, entre um e dois quilos.

A composição da microbiota vai mudando ao longo da vida e é afetada por vários fatores, como a genética, a dieta, os exercícios físicos, o nível de contaminação, o entorno, o gênero, o consumo de antibióticos e de outros fármacos, mas também por outras variáveis menos lógicas, como o tipo de parto que a pessoa teve ou o leite que consumiu quando era bebê. Na atualidade, é comum dar às crianças nascidas por cesárea um tecido com secreções vaginais da mãe, colhido durante o parto, para que se banhem a fim de enriquecer sua microbiota.

E o que todo esse reino microbiótico faz dentro do seu corpo?

> A microbiota ajuda em um monte de coisas, como na absorção de nutrientes, na produção de neurotransmissores, enzimas e vitaminas, no desenvolvimento e na boa resposta do sistema imunológico e no funcionamento correto do cérebro.

Modificar a microbiota afeta os sistemas nervoso, imunológico e endócrino.

Também se acredita que esses micro-organismos possam afetar o desenvolvimento do cérebro e o comportamento, como muitos estudos com animais demonstraram, embora ainda não se saiba muito em relação aos humanos.

O contrário também pode acontecer: alterações no comportamento são capazes de influenciar a microbiota. Por isso, atualmente se fala do eixo microbiota-intestino-cérebro, no qual as vias de comunicação são diversas, como o nervo vago, o sistema circulatório e o sistema imunológico.

Acredita-se que alterações na microbiota, como a chamada disbiose, possam ter um papel importante em alguns transtornos, como o do espectro autista, a depressão ou a dor crônica. E não apenas isso, mas também podem intervir em doenças autoimunes, na síndrome metabólica, como a obesidade, o diabetes, a hipertensão arterial, problemas cardiovasculares, alergias e neoplasias. Nossa! Imagine como é importante, e a maioria de nós nem sequer a conhece.

> Dependendo da cepa de bactérias que introduzir no intestino, você será mais capaz de melhorar a ansiedade ou a resposta ao estresse.

Foi comprovado em um estudo que o uso do probiótico que aumenta as bactérias do tipo *Lactobacillus* consegue atenuar os níveis de cortisol. Em outro estudo, no qual foi introduzido o mesmo tipo de bactéria, constatou-se como os níveis do neurotransmissor GABA foram desenvolvidos.

Foi comprovado que se a microbiota de pessoas deprimidas é transplantada para ratos, eles acabam deprimidos e com uma desregulação de sua microbiota. Os pobres ratos sempre "recebem" pelo bem da humanidade. O mesmo se observou em pessoas que sofriam de ansiedade e síndrome do intestino irritável. Sua microbiota foi transplantada para ratos, que então desenvolveram um comportamento ansioso. É incrível, mas aconteceu.

Em um estudo muito recente feito com camundongos e publicado na *Nature*, considerada a melhor revista de ciências, foi demonstrado que era mais fácil para esses camundongos superar medos dependendo do tipo de microbiota que tinham. Em outra pesquisa muito interessante, constatou-se que a administração de outra cepa desses bichinhos fazia com que a compaixão perante o outro aumentasse.

No fim, com tanto estudo, o que quero que você entenda é que:

> A microbiota regula a atividade cerebral e os estados mentais de seu hospedeiro. Os mecanismos por meio dos quais ela pode influenciar a atividade neural e o comportamento da pessoa ainda são um mistério a ser resolvido.

Bichinhos que nos estressam

Como a microbiota afeta o estresse?

Bem... de muitas maneiras. Por um lado, a microbiota ajuda a regular a produção de neurotransmissores como a serotonina, a dopamina e o GABA, muito importantes para manter sua ansiedade e depressão na linha. De todos esses neurotransmissores, o que atrai mais atenção é a serotonina.

> Acredita-se que 90% da serotonina do corpo estão no sistema digestório e que ela seja um neurotransmissor importantíssimo para a manutenção de um bom estado de ânimo.

Os déficits de serotonina estão associados à depressão e ansiedade. Aumentar nossa serotonina significa nos sentirmos melhor, mais animados e tranquilos. Além disso, a serotonina participa de outras funções-chave para o bem-estar, como a regulação da motilidade intestinal e do sono, como veremos mais adiante. Eu adoraria dar soluções definitivas, mas não posso – isto é ciência e não funciona assim. Ainda existem controvérsias sobre esse assunto, já que, em princípio, a serotonina intestinal não é capaz de atravessar a chamada barreira hematoencefálica e chegar ao cérebro. Contudo, parece que a microbiota pode afetar igualmente os níveis de serotonina de maneira indireta. Acredito que, um dia, teremos certeza disso.

> É possível aumentar os níveis de serotonina consumindo alimentos ricos em triptofano, aminoácido responsável por sua produção e encontrado na banana, no abacate, nos ovos, nas frutas secas e nos peixes azuis, como o salmão.

Quando alguém sofre de estresse crônico, a microbiota pode ser alterada, o que provoca alterações na neuroquímica mencionada anteriormente e, portanto, influencia no mal-estar. Uma das hipóteses é que, sob estresse, a barreira que há no intestino pode ser afetada, abrindo uma porta para alguns micro-organismos. O sistema imunológico ativa o modo SOS ao ver esses micro-organismos onde não deveriam estar e libera citocinas, que são proteínas pró-inflamatórias que ativam o eixo hipotálamo-hipófise-adrenal, ou seja, favorecem o aumento do cortisol.

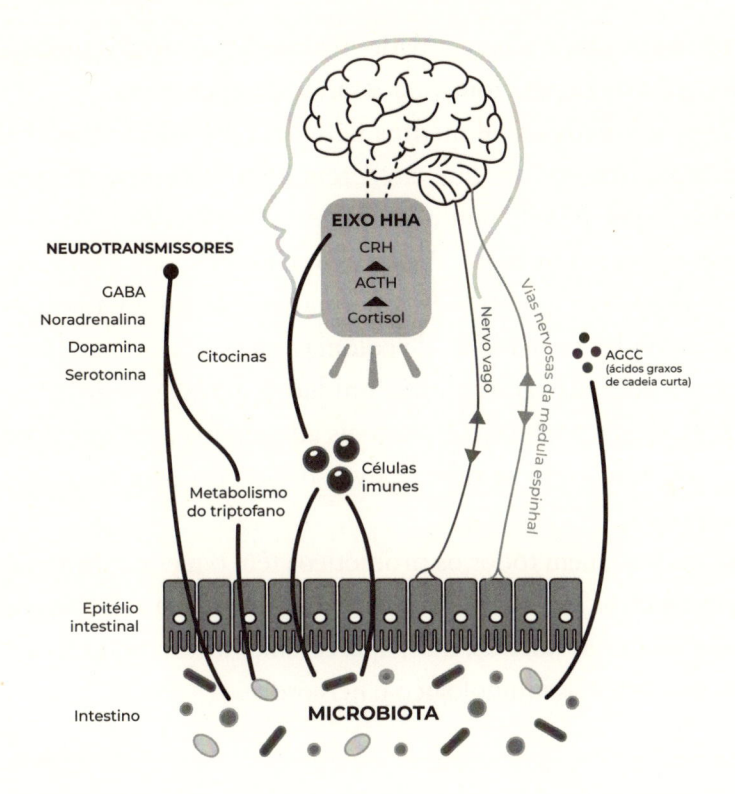

NEUROTRANSMISSORES
GABA
Noradrenalina
Dopamina
Serotonina

EIXO HHA
CRH
ACTH
Cortisol

Citocinas

Nervo vago

Vias nervosas da medula espinhal

AGCC (ácidos graxos de cadeia curta)

Metabolismo do triptofano

Células imunes

Epitélio intestinal

Intestino

MICROBIOTA

> O que comemos pode impactar o aumento da ansiedade, e esta, por sua vez, pode afetar o sistema digestório.

Por isso, é muito importante cuidarmos de nossa microbiota, não só para manter o bom funcionamento do sistema digestório, mas também para evitar o aumento dos níveis de cortisol e fazer com que nosso estado de ânimo seja mais positivo. Na verdade, foi isso o que conseguiu Ferran mesmo sem toda essa informação, um pouco por intuição e por tentativa e erro. Ao modificar sua alimentação, a microbiota se tornou mais variada e começaram a aparecer muitos bichinhos diferentes dentro de seu intestino.

Não abusar muito de algo ou ir variando o cardápio dentro da saborosa dieta mediterrânea é ideal para favorecer a boa vida desses micro-organismos. Outra maneira de aumentar a diversidade microbiótica é praticar exercícios, beber muita água e gerenciar bem o estresse.

Normalmente, é recomendado incorporar alimentos probióticos e prebióticos à dieta para fomentar a saúde da microbiota.

Os probióticos são alimentos naturais ou suplementos cheios de micro-organismos vivos que, ao serem administrados em quantidades adequadas, beneficiam o hospedeiro, ou melhor, sua saúde, ao enriquecer sua microbiota. Assim são definidos pela OMS. Atenção quando digo "em quantidades adequadas": se forem administradas poucas unidades formadoras de colônias, estas podem não fazer nada, e se forem administradas muitas unidades, podem produzir o efeito contrário. Quais probióticos são mais adequados e em que dose? Isso é algo que ainda não se sabe. Talvez o método empírico de Ferran não seja ruim.

Além disso, nem todos os probióticos têm o mesmo efeito ou agem sobre os mesmos mecanismos. A maioria exerce uma ação bloqueadora contra as bactérias nocivas, mas, aparentemente, são poucos os que intervêm nos sistemas imunológico e nervoso.

> São exemplos de alimentos probióticos o kefir, o kombucha, o tempeh e o missô.

Os prebióticos são substratos utilizados seletivamente pela microbiota, que, pelo processo de fermentação, beneficiam o hospedeiro. Ou seja, esses alimentos ajudam os bichinhos a crescerem saudáveis e serem capazes de se reproduzir para que, assim, você se sinta melhor. Os prebióticos podem ser encontrados em alimentos que o corpo não digere por completo, como as fibras.

> São exemplos de alimentos prebióticos o alho-poró, o aspargo, a banana, a aveia, o alho, a cebola e a batata.

Nos últimos anos, estão sendo realizados muitos estudos sobre esse tema, porque o uso de probióticos e prebióticos poderia ser um recurso muito efetivo para tratar transtornos mentais como a depressão ou a ansiedade. O tratamento com psicobióticos constitui um campo de pesquisa em pleno auge.

> Todos os alimentos que aumentam os níveis de ansiedade, como os açúcares e as gorduras ruins, pioram a qualidade de vida da microbiota, e o mesmo vale para o álcool e o tabaco.

É melhor evitar os alimentos processados e incentivar a compra de comida ecológica. De fato, os emulsionantes e conservantes aumentam o nível de inflamação e provocam alterações na microbiota que produzem alterações prejudiciais para o sistema digestório. Por outro lado, os pesticidas e herbicidas aparentemente podem causar danos inclusive ao cérebro ao produzirem uma reação inflamatória, fazendo a ansiedade aumentar.

Como você pode ver, a dieta tem grande efeito na definição de quais bichinhos mandam e quais não mandam no intestino. Com relação a isso, há um estudo muito interessante por meio do qual foi possível comprovar que há uma grande diferença entre a microbiota de crianças ocidentais e a de crianças africanas devido às dietas diferentes. Resultados semelhantes foram encontrados em outro estudo, no qual eram comparadas a microbiota de consumidores de carne e gorduras saturadas à de outros que tinham uma dieta mais vegetariana rica em carboidratos e com pouco açúcar. Em ambos os estudos, foi constatado que uma alimentação mais ocidental incrementa as bactérias do tipo *Bacteroides*, enquanto uma dieta típica de sociedades agrárias favorece as bactérias do tipo *Prevotella*.

> Ter uma alimentação saudável, assim como praticar exercícios e descansar, são as chaves para a manutenção de uma boa microbiota e, portanto, da saúde física e psicológica.

NOITES SEM DORMIR

Eu ainda não havia chegado em minha pior fase com a ansiedade, e a insônia já dava as caras na janela todas as noites. Bastava a Lua aparecer para os meus olhos se acenderem como dois sóis.

Se você já passou por isso, sabe o que é sentir pânico na hora de ir dormir. Eu estava nesse ponto. A única solução que eu via era tomar um sonífero e assistir a séries até adormecer. Minhas horas de sono por noite eram poucas, bem poucas.

Em um dia daquele ano, fui convidado para uma palestra sobre o tema do sono. Aconteceria onde, mais tarde, eu estudaria psicologia budista, um consultório de psicoterapia no centro de Barcelona. Comparecemos, se bem me lembro, quatro pessoas, contando com o conferencista, algo que me fez sentir que éramos muito poucos e muito especiais, nós que sofríamos com esse pequeno problema.

O homem que apresentava a palestra começou falando sobre como dormir bem, como preparar o quarto para dormir, o que comer antes de se deitar, falou inclusive da opção de jejuar para dormir melhor. Achei tudo interessante e, como já contarei, depois coloquei algumas coisas em prática. No entanto, o que mais me impactou foi outro assunto.

Durante a apresentação, uma garota interrompeu o palestrante para perguntar algo de fato inteligente:

— E se nada disso funcionar?

— Também não é tão grave, certo? Isso também vai passar.

Depois, explicou que, com a prática, essas técnicas funcionavam, mas eu já estava imerso na frase "Isso também vai passar". "Mas é claro", pensei, "como tudo nessa vida, o tempo é imparável e tudo passa. No fim, o relógio anda sem compaixão e o tempo escorre como quando tentamos pegar a água com as mãos. Somos apenas um instante, para que sofrer?"

Quando cheguei em casa, peguei um pedaço de papel e anotei a frase que havia aprendido naquela palestra. Durante um tempo, sempre que não conseguia dormir, olhava o papelzinho e relaxava.

Com o passar dos dias, comecei a trabalhar com as técnicas que aquele conveniente guru havia me dado de presente. E a insônia deixou de ser um problema em minha vida. Agora, como em quase tudo aquilo que se refere à saúde, tenho um horário em forma de hábito de sono. Eu me deito às dez da noite e me levanto às cinco e meia da manhã, sete horas e meia de sono reparador. Ao meio-dia, tiro uma sesta de meia hora. Às vezes, me permito um pouco mais.

Não quero dizer com isso que essa seja a solução para todo mundo. Para mim, funciona. Contudo, durante esses anos estudando o assunto, vi muitas maneiras de dormir que, segundo o praticante, eram as melhores do mundo.

Da Vinci, por exemplo, seguia um ciclo de sono polifásico, um método chamado "o ciclo de Uberman", que consiste em tirar uma sesta de vinte minutos a cada quatro horas. Ou seja, ele não dormia direto à noite, trabalhava em suas ideias e a cada quatro horas se deitava por vinte minutos. Assumo que experimentei esse método durante um curto período de minha vida, e para mim não funciona. Deve ser só para gênios.

Eu me lembro de quando era adolescente e começamos a sair para shows e festivais; era muito descolado passar a noite em claro. "Hoje viramos", dizíamos cheios de entusiasmo na voz. E eu, bobo que era, seguia o fluxo do grupo e lutava a noite inteira contra a minha natureza para não dormir em qualquer canto. Como eu gostaria de ter a personalidade e as coisas claras para dizer ao meu grupo de amigos: "Eu vou dormir, tchau para vocês." Por sorte, a ansiedade não me deixou virar a noite muitas vezes, então, novamente, obrigado por tudo o que aprendi a seu lado, ansiedade.

Nos cursos, trabalhamos rotinas de sono, e tenho uma ideia sobre o que funciona melhor para a maioria. São coisas que eu fui aperfeiçoando no meu método de tentativa e erro contra a ansiedade.

Para começar, tentar desligar as telas no mínimo meia hora antes de se deitar. Entender que o quarto serve apenas para duas coisas: dormir e fazer amor. Se você está na cama e não consegue dormir, saia do quarto e vá para outro espaço da casa ler ou meditar, por exemplo.

As telas de plasma, os telefones celulares e os tablets devem ficar longe do quarto; a ideia é que o cérebro entenda que você está disposto a dormir, e não que se ative assistindo a séries. Por outro lado, mantenha o dormitório organizado e bem ventilado. Outra coisa que todos os alunos comentam comigo é que colocar um pouco de óleo essencial de lavanda na cama os ajuda, dizem que os induz ao sono. Não sei se realmente funciona ou se é um mero placebo, mas, seja uma coisa ou outra, o resultado em meus grupos é inegável.

Com base em minha experiência, eu aconselharia que você se deite cedo e se levante ao nascer do sol, mas sei que isso é muito pessoal. E não ache que Sara pode nos demonstrar que isso é o melhor a se fazer. O que eu posso assegurar é que temos que descansar mais ou menos as famosas oito horas. Daqui a pouco, conto como comecei a colocar isso em prática.

Como o cérebro de um ansioso dorme?

> Quanto menos dormimos, mais a nossa ansiedade aumenta; e quanto mais ansiedade, maior o risco de sofrer de insônia.

Ainda há muitos mistérios sem solução sobre o funcionamento fisiológico do sono. A única coisa que sabemos com certeza é que passamos quase um terço da vida dormindo. O sono afeta diferentes partes do cérebro de forma muito complexa. Vou explicar, de todas as maneiras, o que se sabe até hoje, e acredito que será bom para você saber disto.

Em cidades industrializadas, calcula-se que uma em cada oito pessoas da população adulta padeça de insônia crônica, enquanto três de cada oito sofram de insônia ocasional ou transitória por estresse. E atenção, pois problemas de insônia não significam apenas que alguém passou a noite em claro sem conseguir dormir nada. Esse é um tipo de insônia. Entretanto, a insônia, ou a falta de sono, também engloba, além da dificuldade para conseguir dormir, o hábito de acordar no meio da noite ou de se levantar mais cedo do que deveria. Então, Ferran, a sensação que você teve naquela palestra não tinha a ver com a realidade, muita gente sofre desse grande problema.

> Se, durante três meses, você se levanta pela manhã e tem a sensação de que não descansou bem e passa o dia esgotado, com sono e cansaço, é possível dizer que você sofre de insônia crônica.

Um sono de qualidade está relacionado com a capacidade de dormir rapidamente, em menos de meia hora, com placidez, e despertar apenas algumas poucas vezes durante a noite. Alguns cientistas consideram que o sono deve ser profundo durante um período importante da noite para que seja reparador; esse sono profundo acontece no princípio da noite, nos primeiros noventa minutos. Por outro lado, outros cientistas, como Matthew Walker, verificaram recentemente que o importante é que ocorram todas as fases do sono enquanto você dorme, e isso acontece quando dormimos aproximadamente as oito horas recomendadas pela OMS.

> Se não dormimos adequadamente, podemos correr mais risco de padecer de problemas graves de saúde, como diabetes, obesidade, depressão, doenças cardiovasculares e, inclusive, Alzheimer ou câncer.

A privação do sono não afeta apenas o cérebro, como veremos, mas também os sistemas endócrino, cardiovascular e imunológico. Não dormir aumenta o risco de problemas nesses sistemas, diminui a qualidade de vida e, inclusive, pode encurtá-la.

Porém, não quero continuar soando tão alarmista. Suponho que você saiba e já tenha experimentado que não dormir apenas um dia já é horrível, agora o que quero que você aprenda é o que está relacionado com isso para que possa aproveitar os benefícios que o sono traz.

Quando vamos dormir, primeiro entramos no sono não REM, depois passamos para a fase REM e, sem seguida, voltamos para a fase não REM, e assim sucessivamente até que nos despertamos. As fases vão se revezando a cada noventa minutos.

Na fase REM, o corpo segue se mantendo imóvel, mas os olhos se movimentam sem parar, daí o nome em inglês: *rapid eyes movement* (movimento rápido dos olhos). É nesse ciclo que os sonhos são produzidos, a atividade neural é similar à que ocorre quando estamos acordados.

Ao longo da noite, o sono não REM fica mais curto, menos intenso, enquanto o REM fica cada vez mais longo.

É importante destacar que, dentro do sono não REM, existem diferentes estágios, de 1 a 4, que podemos agrupar em dois. Um é o do sono não REM leve, que compreende os estágios 1 e 2; o outro é o do sono profundo não REM, ou sono de ondas lentas, que corresponde aos estágios 3 e 4, conforme podemos ver no gráfico a seguir.

Esses estágios do sono variam nas diferentes etapas do desenvolvimento humano. Por exemplo, os bebês desfrutam muito mais do sono REM e quase não têm sono profundo. É na adolescência que começamos a experimentar o sono profundo e, talvez graças a ele, gerenciamos melhor as emoções. Depois, na velhice, voltamos a perder em torno de 80% a 90% desse sono profundo.

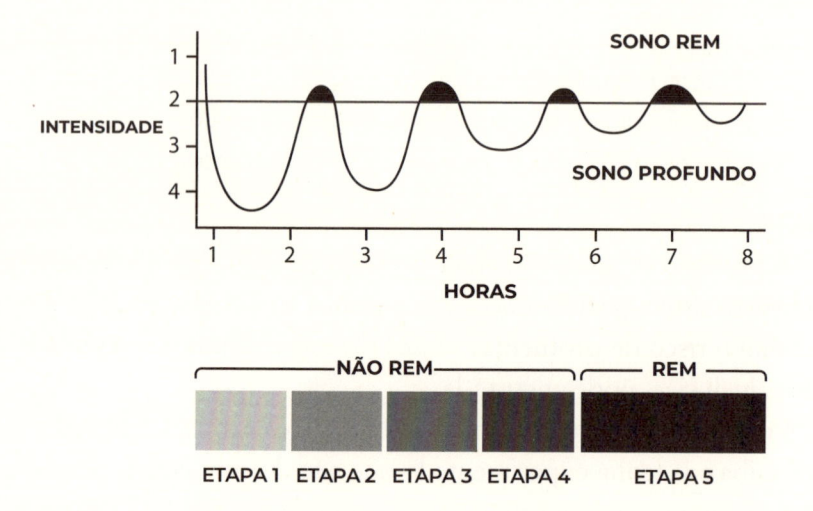

Alguma vez você já dormiu depois de ter ficado estudando um assunto que não conseguia entender e, quando levantou no dia seguinte e retomou as anotações, percebeu que o que antes parecia tão difícil agora era perfeitamente compreensível?

Isso acontece porque, durante a noite, nosso fabuloso cérebro assenta os aprendizados e consolida a memória, e isso ocorre durante todo o sono não REM profundo, que, como vimos, se dá no começo da noite.

Nesse estágio do sono, o cérebro envia toda a memória temporária armazenada no hipocampo (lembre-se de que é ele que se encarrega da memória de curto prazo) para a memória de longo prazo, que está localizada no córtex cerebral. Isso acontece no começo da noite, quando é produzido o sono profundo caracterizado por ondas lentas que alcançam partes remotas do cérebro.

> O sono permite que o cérebro integre novos conteúdos introduzidos durante o dia às memórias já existentes, fazendo com que sejam lembrados com mais facilidade.

Mas atenção! Para aprender, também é necessário ter dormido bem previamente; se não dormimos, tanto aprender quanto se lembrar do aprendido se torna mais difícil.

Durante o sono não REM leve, é reestruturada e consolidada a memória motora, aquela relacionada com as habilidades motoras, como tocar piano ou dirigir. De alguma maneira, o cérebro continua praticando enquanto dormimos, e isso faz com que essas habilidades melhorem.

Além disso, enquanto dormimos, o cérebro descarta aquelas lembranças que já não usamos e nos ajuda a esquecer.

Tudo isso acontece quando não estamos sonhando. Mas... e quando sonhamos, o que acontece?

Aparentemente, durante o estágio no qual predominam os sonhos, o cérebro vai revisando e refinando tudo o que guardou na etapa anterior do sono.

> O sono não REM filtra e consolida as conexões, e o sono REM reforça aquelas que foram consolidadas.

Isso ajuda a afinar também os circuitos emocionais do cérebro, o que lhe permite decidir e agir de forma mais inteligente no nível social. Nesse estágio do sono, criamos conhecimentos que podem inclusive superar a essência do que já existe no cérebro.

Sonhar nos ajuda a encontrar novas soluções para problemas e nos desperta ideias originais nas quais não pensaríamos em estado de vigília. O sonho pode ser considerado parte dos processos mentais que estão por trás da intuição e da criatividade. O grande químico Mendeleiev descobriu a ordem da tabela periódica dos elementos químicos graças a um sonho. Sabe-se que Freddie Mercury dormia com o piano como cabeceira da cama para que, caso sonhasse com uma melodia, pudesse tocá-la e anotá-la imediatamente.

Enquanto vivemos histórias apaixonantes ou pesadelos, o córtex pré-frontal está desconectado, por isso os sonhos muitas vezes são tão irracionais e sem sentido, ao mesmo tempo que nos ajudam a ver aquilo que normalmente não percebemos acordados. Além disso, nesse estágio, a noradrenalina, uma das substâncias que você já sabe que intervêm na ansiedade, está bloqueada.

Então, enquanto sonhamos, são reativadas lembranças emocionais, mas livres de ansiedade e estresse. Esse fato fez com que a comunidade científica pensasse que os sonhos poderiam servir como terapia noturna, na qual alguém seria capaz de esquecer medos, superar traumas e dissolver lembranças com carga emocional intensa. Isso é o que se tem discutido recentemente em diferentes estudos. Incrível, não? De fato, o sonho pode transformar a memória a tal ponto que, às vezes, é o responsável pela criação de lembranças falsas na mente.

Tudo isso é reduzido quando vamos dormir tarde e nos levantamos cedo, já que, se você se lembra, a fase REM predomina nas últimas duas horas de sono, considerando o total de oito horas. Ou seja, se dormimos em torno de seis horas, perdemos os grandes benefícios do sono REM. Espero que esse argumento de peso sirva também para que você desligue a televisão antes de se deitar e procure dormir essas oito horas.

Caso ainda não tenha sido suficiente

- Quando dormimos, são eliminados todos os dejetos metabólicos tóxicos que foram gerados durante o dia. Isso é o que chamamos de "limpeza cerebral".

- É também durante o sono que os neurônios sintetizam proteínas e outras moléculas que fazem com que o cérebro se recupere do desgaste produzido durante a vigília e participam da formação da mielina, material isolante nos axônios das células nervosas que existem no cérebro.
- O equilíbrio entre hormônios inibidores e excitadores é ajustado, e a plasticidade neural aumenta.

> Descansar NÃO é perder tempo; pelo contrário, é ganhá-lo! Ao dormir, integramos os novos conhecimentos, consolidamos a memória, despertamos a criatividade, regeneramos o cérebro e o preparamos de novo para a ação!

COM RELAÇÃO A MEUS HÁBITOS DE SONO

Quando pequeno, eu era uma criança com horários bem definidos e alimentação regrada, talvez com um pouco mais de açúcar do que deveria, afinal sou dos anos 1980, a geração das guloseimas. Mas, em linhas gerais, minha mãe se encarregava de que eu seguisse uma ordem e que minha nutrição fosse variada. Na verdade, comecei a comer mal aos vinte e poucos anos; acho que, quando você não ama a si mesmo, acaba dando lixo a seu corpo, então tudo está em consonância.

Retomando o fio da meada, a questão é que, depois daquela conversa com o guru do sono, e com minha alimentação muito mais ajustada, comecei a aplicar as técnicas de descanso que havia aprendido.

Deixei meu quarto com o mínimo de coisas possível. Tirei a televisão da parede e me livrei dela. Também coloquei carregadores de telefones celulares e notebooks fora de vista. Deixei apenas o armário, a cama e uma mesinha de cabeceira com uma pequena luminária e um livro. O livro era meramente decorativo, nunca consegui ler na cama, acho muito desconfortável. Anos depois, vi que tinha sentido fazer assim.

Como comentei antes, comprei óleo essencial de lavanda; misturava umas gotas com água e espirrava pela cama antes de me deitar.

Adiantei o horário do jantar para mais ou menos oito da noite, hábito que ainda não perdi. Dessa maneira, vou dormir com a digestão bem-feita. É isso, às dez estou na cama. Entretanto, não mudei apenas a hora de jantar, mas também o que eu comia. Meus jantares passaram a ser cremes de legumes, peixes, principalmente os azuis, e sempre um pedacinho de chocolate amargo com 95% de cacau e uma banana de sobremesa. Não sou um grande gastrônomo, não preciso variar muito os pratos que como, posso jantar todas as noites a mesma coisa, não sou de enjoar fácil. Alguns dias, eu trocava o creme de legumes por arroz integral. E com isso meu sono melhorou. Melhorou, não! Mudou radicalmente. Comecei a dormir e descansar como há anos não conseguia.

Em poucos meses, minha mente estava desperta e atenta, e eu me sentia muito mais ativo e feliz. Muitos medos, que antes me assombravam, desapareceram por completo. Eu tinha modificado muitas coisas em minha rotina de sono, mas também tenho certeza de que as mudanças que fiz durante o dia melhoraram minhas noites. Com isso, pretendo explicar que esse processo é um quebra-cabeças que precisamos montar; são várias peças e todas precisam se encaixar, não basta colocar apenas uma. Se você começar a variar sua rotina de sono porque seu problema principal com a ansiedade é a insônia, isso não vai funcionar; você terá que fazer com que todas as outras peças se unam a essa.

A luz nos afeta, e você aí com o celular a meio palmo da cara

E o que acontece quando sofremos de ansiedade?
Como você já sabe, o sistema nervoso é composto pelos sistemas simpático e parassimpático. Ambos trabalham vinte e quatro horas por dia e se revezam o tempo todo. Muitas vezes, não é que um seja desconectado e o outro seja ativado, mas, a depender do que fazemos, um deles é o dominante. Quando estamos acordados, o dominante é o simpático; e quando dormimos, relaxamos durante o dia ou estamos fazendo a digestão, o parassimpático assume o controle.

> O fato de que os sistemas simpático e parassimpático não se anulam faz com que possamos ficar nervosos, inquietos e nos mexendo constantemente, inclusive quando dormimos.

De toda forma, é muito provável que o cortisol flua pelo seu organismo como um grande manancial, já que a amígdala – e consequentemente o sistema nervoso simpático – está hiperativada. Em princípio, o cortisol deve baixar durante a noite e aumentar ao amanhecer, com os primeiros raios de sol. Seu pico se dá ao meio-dia. Já a melatonina, conhecida como "hormônio do sono", desempenha o papel contrário: aumenta durante a noite, tem seu pico às quatro da manhã e diminui ao amanhecer.

> Quando sofremos de ansiedade, o nível de cortisol se eleva a doses mais altas do que o normal durante a noite, fazendo com que durmamos em estado de tensão e inquietude e que o sono seja interrompido e de pouca qualidade.

De fato, pacientes com insônia apresentam ondas menos amplas durante o sono não REM profundo e um sono REM mais fragmentado.

Altos níveis de cortisol acompanhados de adrenalina e noradrenalina fazem com que o ritmo cardíaco aumente, dificultando a transição para o sono. Além disso, a hiperativação do mecanismo de luta ou fuga faz com que a temperatura corporal não decaia tanto, o que não ajuda a pegar no sono.

> A temperatura elevada do corpo repercute na do cérebro. Se mantemos o cérebro ativo antes de nos deitarmos, a temperatura corporal também não diminui.

Uma das coisas que Ferran fez, e que tenta incutir na cabeça de todos que passam por nossos cursos, foi desligar as telas um pouco antes de ir se deitar. Esse hábito faz todo o sentido do mundo, porque ajuda na liberação de melatonina, hormônio que nos auxilia a iniciar o sono. Os olhos, mais concretamente a retina, detectam, graças aos receptores de melanopsina, as diferentes ondas de luz, as cores, de tudo o que vem de fora. A luz solar tem vários componentes azuis, assim como a luz que esses dispositivos emitem, a qual confunde o cérebro fazendo-o pensar que ainda é dia – e é aí que o ciclo circadiano, ou relógio cerebral interno, se desregula e segrega menos melatonina.

Tanto a melatonina como o cortisol são os hormônios que regulam o ritmo circadiano que está situado principalmente nos neurônios do núcleo supraquiasmático do hipotálamo, que funcionam de maneira bastante autônoma. Esses neurônios são capazes de sincronizar o ciclo sono-vigília e, de forma independente, o da temperatura corporal com o ciclo de luz e escuridão do sol. Por isso, na maioria dos casos, quando escurece ou a temperatura cai, o corpo entende que está na hora de dormir ou descansar. A luz não só regula esse ciclo de sono-vigília como também influencia nosso estado emocional e interfere no modo como nos ajustamos às mudanças de estação. Sua ansiedade aumenta com a passagem de uma estação para outra?

> Um dado curioso e um pouco místico: a melatonina é segregada na glândula pineal, que tem o tamanho de uma lentilha e é considerada por muitos a parte do cérebro que abre a intuição para o "além". Na ioga, por exemplo, é onde se situa o sexto chacra e o terceiro olho. Graças ao bom funcionamento da glândula pineal, podemos sonhar, e os sonhos, inclusive para nós, cientistas, não deixam de ser um grande mistério.

Ferran também fez algo que, sem querer, o ajudou muito a recuperar o sono: ter algumas noites achocolatadas!

Todos os alimentos que começou a consumir têm triptofano, que aumenta a serotonina do corpo para podermos dormir melhor. Isso também tem relação com a já famosa melatonina. Graças à serotonina, a melatonina é sintetizada, mas o que produz a serotonina é o triptofano, como já dissemos anteriormente. Então, ao aumentar o consumo de alimentos ricos em triptofano, os níveis de serotonina e melatonina são elevados. Leve dois, pague um. Ao comer alimentos como peixe azul, ovo, chocolate preto puro, frutas secas ou banana, por um lado, você melhora seu estado de ânimo; por outro, se prepara para induzir um bom sono. Os cereais integrais também favorecem a absorção de triptofano, embora alguns estudos indiquem que comer carboidratos no jantar pode diminuir a qualidade do sono.

Contudo, devo dizer que há cientistas que não têm certeza de que aumentar os níveis de melatonina ajuda a dormir melhor, já que esta promove o estágio inicial do sono, e nada mais. Isso é útil quando estamos com *jet lag*, mas nem tanto quando se trata de problemas de insônia.

Diversos estudos demonstram que nem todo mundo precisa dormir oito horas. Algumas pessoas precisam dormir mais, e outras, menos, já que há distintos fatores que influenciam nessa necessidade, como o gene DEC2. Entretanto, a probabilidade de que o seu caso seja um desses é ínfima.

> Tente dormir essas oito horas para que ocorram todos os estágios do sono e você possa desfrutar de todos os seus benefícios.

Não dormir bem tem muitíssimos efeitos contraproducentes. Acredito que você já tenha passado por alguma noite de insônia; no dia seguinte, se sentiu meio zumbi e com a cabeça pesada, além de umas olheiras horríveis. Talvez nesse dia você tenha notado que estava com mais dificuldade para se comunicar, dirigir ou prestar atenção ao que lhe diziam ou ao que tinha que fazer. Se você passa um longo período dormindo mal, acrescente a essa instabilidade mental dor de cabeça, irritabilidade, nervosismo e ansiedade. Tudo isso, inclusive, pode levar à depressão.

Não dormir bem afeta muitas partes do corpo e do cérebro, diminui a secreção de insulina e eleva o nível de açúcar no sangue, o que pode provocar diabetes. Além disso, o sono instável cria um desequilíbrio hormonal tanto no nível reprodutivo como no digestivo, afetando também a fome.

Isso ocorre porque a leptina, hormônio que controla o apetite, diminui, enquanto a grelina, hormônio que estimula o apetite, aumenta. Estudos mostraram que, quando não dormimos bem em um dia, no dia seguinte, os circuitos de recompensa são ativados, o que nos induz a comer mais doces, mais comidas que não fazem bem. Pesquisas sugerem que a insônia fomenta a obesidade.

Quando dormimos bem, esse equilíbrio hormonal se ajusta adequadamente, assim como os hormônios do crescimento. Recomendo que você assista ao TED Talk *Sleep is your superpower* [O sono é seu superpoder], do neurocientista Matthew Walker, especialista em sono.

Agora, sabendo de tudo isso, você deve estar pensando: "Certo, você me convenceu, quero dormir melhor. Mas o que posso fazer para descansar bem se sofro de ansiedade?" Faça o mesmo que Ferran. Antes de tudo, é importante seguir uma boa higiene do sono.

- Levante-se e vá se deitar sempre na mesma hora, assim você ajudará o sistema circadiano a adquirir regularidade. Lembre-se de que o cérebro não sabe que existe fim de semana, por isso o ideal é manter o mesmo horário aos sábados e domingos.
- Desligue as telas ou luzes azuis pelo menos uma hora antes de ir dormir. Substitua-as por luzes quentes. Existem aplicativos que permitem alterar a luz do celular ou notebook; pesquise no Google, e você com certeza encontrará aquele que se adapta melhor a seu dispositivo. Lembre-se de que a intensidade da luz importa menos que a longitude da onda, que não deve ser azul.
- Jante algo leve e nutritivo, pelo menos uma hora antes de ir dormir, e fique atento agora que o jejum está na moda, porque se você for dormir sem comer, vai aumentar seu nível de cortisol, e se você sofre de ansiedade, já lhe informo que será ainda mais difícil pegar no sono. Se você não se atrever a fazer jejum e decidir jantar um prato de macarrão à bolonhesa com um bife, pode ser ainda pior, pois o corpo, em vez de ficar relaxado dormindo, ficará ativo gastando energia com a digestão. Além disso, o fígado, que durante a noite regenera e limpa o sistema digestivo, não fará esse trabalho.
- Receber uma massagem antes de dormir pode ajudar. Há uma relação entre o sentido do tato, principalmente o da pressão, e o estado de excitação ou calma no cérebro. Ademais, como

veremos, a massagem atua no nervo vago, o principal nervo do sistema parassimpático, responsável por relaxarmos. A pressão reduz o cortisol e aumenta os níveis de serotonina e dopamina, melhorando o estado de ânimo. Você pode fazer a massagem em si mesmo usando um creme corporal ou óleo essencial.

- No frio, dormimos melhor cobertos com mantas pesadas do que com um edredom que não pesa nada, já que a pressão que as mantas exercem pode produzir os mesmos efeitos de quando alguém nos abraça. O melhor é dormir de lado, pois isso ajuda a ativar o sistema linfático – que auxilia o cérebro a se limpar e se regenerar melhor.
- Caminhe descalço antes de ir dormir e descarregue qualquer resquício de radiação eletromagnética que possa restar em seu corpo; os pés descalços servem de fio terra. Embora ainda haja muito a ser comprovado cientificamente sobre esse assunto, tente, por via das dúvidas, dormir sem nada ligado na tomada, para que as radiações eletromagnéticas não perturbem seu sono.
- Durma sem meias. Depois que dormimos, a temperatura do corpo começa a baixar, liberando o calor pelos vasos capilares da pele para o exterior. Quando dormimos, a temperatura corporal interna diminui. Essa queda é essencial para pegarmos no sono. Contudo, a temperatura cutânea aumenta durante a noite, e o corpo precisa reduzir sua temperatura para iniciar o sono. Por isso, é importante dormir sem meias; senão, impedimos que o calor se dissipe. Nunca aconteceu com você de estar coberto com três mantas, mas colocar o pezinho para fora? Isso, que até agora parecia uma esquisitice para você, tem a função de regular a temperatura corporal.
- Tome um banho quentinho pelo menos duas horas antes de ir dormir. Assim você ajuda a regular essa temperatura da qual falávamos. E se você não tem tempo para banho, ponha os pés em uma bacia de água quente: tem o mesmo efeito.
- Por esse mesmo motivo, é recomendado beber algo quente – uma infusão, um copo de leite – antes de ir dormir. Mas tenha cuidado para não ingerir uma quantidade muito grande de líquido, pois

com certeza você terá que se levantar para ir ao banheiro, interrompendo seu sono.
- Areje o quarto e mantenha-o fresquinho e bem ventilado para que, quando você se deitar, sua temperatura interna possa baixar. Uma temperatura entre 18 °C e 20 °C é considerada ideal para o quarto.
- Não faça exercícios intensos antes de dormir: sua temperatura interna não baixará durante um tempo. Por isso, a prática é recomendada pelo menos uma ou duas horas antes de ir para a cama. Mas se puder, faça, pois, ao suar, conseguimos baixar a temperatura e pegar no sono. Nunca aconteceu de, depois de fazer exercício pela manhã e suar, você ficar com sono quando pretendia trabalhar logo em seguida?
- Durma sempre na mesma cama e no mesmo quarto. Associar o mesmo espaço ao ato de dormir é importante para que o cérebro, mais especificamente o hipocampo, reconheça com mais rapidez que é hora de pegar no sono. Também é importante não ficar acordado na cama fazendo outras coisas. Senão, o cérebro não associa a cama com o ato de dormir, e sim com outras atividades.
- Crie uma rotina entediante e monótona antes de ir dormir. O tédio é um bom amigo do sono, e você com certeza já experimentou entediar-se antes de dormir. Se você mantiver a mesma rotina entediante, isso ajudará seu cérebro a assimilar que está na hora de ir se deitar. É melhor escutar um audiolivro chato, algum documentário tranquilo ou ler um romance que o ajude a desconectar. Se nada disso é a sua praia e você precisa ver um filme ou uma série de qualquer jeito, tente assistir a algo que o deixe em um estado emocional tranquilo. Sobretudo coisas que não o estimulem, que não façam a temperatura do cérebro aumentar. Atente-se ao que você oferece de jantar a seu cérebro antes de dormir. É importante não ficar revisando os eventos do dia que tenham causado excitação ou nervosismo. Se lhe vierem à mente coisas pendentes ou tarefas do dia seguinte, você pode deixar um bloquinho ao lado da cama e escrever aquilo que precisa fazer.

- Você também pode brincar com as visualizações; lembre-se de que o cérebro não sabe distinguir o que é real do que é imaginário. Você pode imaginar um lugar confortável, calmo, no qual você tenha dormido muito bem e onde sabe que vai dormir bem.
- As técnicas que explicaremos no próximo capítulo, como a respiração diafragmática, meditação ou ioga, podem ajudar você a relaxar e, portanto, a dormir melhor.
- Há cheiros que incitam o sono, como a lavanda. Você pode experimentar umedecer o travesseiro com umas gotas de óleo de lavanda antes de se deitar. Ferran adora isso.
- Tomar magnésio antes de dormir pode nos ajudar a relaxar os músculos, reduzir o estresse e melhorar o sono.

O dia afeta a noite

Costumamos pensar em como dormir bem, mas muitas vezes não temos consciência de que isso depende muito daquilo que fazemos durante o dia. Posso seguir todos os passos anteriores e, mesmo assim, não conseguir descansar adequadamente. Por isso, vamos começar a revisar o que você faz durante o dia para identificar o que está afetando a qualidade do seu sono à noite.

Há um conceito chamado "pressão do sono", que se acumula durante o dia para nos ajudar a dormir melhor. Explico: se me levanto, trabalho ou estudo durante a manhã, vou à academia à tarde ou faço um longo passeio e, à noite, sigo a higiene do sono descrita anteriormente, é muito provável que eu descanse bem nesse dia. Por quê? Porque cansei o corpo e a mente, e isso exerce a pressão do sono. O mesmo acontece se eu passar vários dias sem dormir: isso faz com que a pressão do sono aumente e que, por "desgaste", eu consiga descansar melhor nesse dia.

Se passamos o dia todo trabalhando em casa sem fazer nenhuma atividade física nem sair, é normal que demoremos mais para dormir. Se não dormimos durante a noite, mas demoramos a nos levantar pela manhã ou tiramos uma sesta, reduzimos a pressão do sono. Por isso, é melhor ficar acordado durante o dia e deixar que a pressão do sono exerça seu poder pela noite.

Ao fazer isso, o hormônio adenosina aumenta. Falamos dele quando explicamos os efeitos da cafeína no cérebro. Quanto maior o esforço físico ou mental durante o dia, mais aumenta a adenosina e, portanto, a pressão do sono.

As infusões com substâncias agonistas de adenosina fomentam o sono, enquanto as antagonistas, como o café, diminuem.

A adenosina também tem influência sobre o núcleo accumbens, que, como vimos, está relacionado com todo o circuito dopaminérgico de recompensa, e isso explicaria por que não conseguimos dormir quando estamos muito preocupados com algo ou quando nos sentimos eufóricos ou exaltados depois de realizar uma atividade estimulante.

Contudo, temos que ir com cuidado, porque, se passamos o dia todo fazendo coisas, o sistema nervoso simpático se mantém ativo sem trégua. E, como veremos melhor no próximo capítulo, isso pode impedir que o sistema parassimpático entre no jogo. Por isso, é de extrema importância que, durante o dia, você tenha momentos de descanso e vá diminuindo o ritmo à medida que a noite se aproxima.

Também vale a pena prestar atenção àquilo que você dá ao cérebro durante o dia. Se você passa o dia trabalhando ou lendo notícias que lhe causam preocupação, é normal que, quando a noite chegar, sua mente continue nesse estado e, possivelmente, tudo isso apareça em seus sonhos, impedindo que você tenha um sono reparador.

> Quando temos momentos de descanso, devemos procurar nutrir o cérebro de maneira positiva, com coisas que acalmem o estado emocional. Descansar por um momento regenera o cérebro, o que faz com que ele renda melhor depois.

Recomendo que você aproveite esses minidescansos para se expor um pouco ao sol. Se você é daqueles que demoram a cair no sono, então aproveite para sair ao sol pela manhã, e se é daqueles que acordam muito cedo, saia para passear ao entardecer, já que isso fará com que você esteja mais alinhado com o ciclo circadiano.

Por último, se você já tentou tudo isso e continua sem conseguir dormir de maneira natural, pergunte-se qual é a causa. Pode ser devido a uma herança genética, mas, se você padece de ansiedade, o mais provável é que sua insônia resulte da grande atividade mental e emocional que realiza durante a noite.

> Em pessoas que dormem bem, tanto a amígdala como o hipocampo vão reduzindo o ritmo e permanecem tranquilinhos por toda a noite; na maioria das pessoas que sofrem de insônia, por outro lado, a amígdala, o hipocampo e, inclusive, o tronco cerebral não param, e isso as mantém alertas.

Você já sabe que estar com a amígdala ativada significa que as preocupações e inquietudes emocionais seguem vigentes, inclusive ao anoitecer, e por isso a noite pode ser complicada.

Uma de minhas recomendações é que, se você acredita que sofre de insônia crônica, procure um profissional da área. Sabia que existem terapias específicas para tratar a insônia? A terapia cognitivo-comportamental para a insônia, por exemplo, tem dado resultados muito bons. Um dos principais objetivos desse tratamento é fazer com que você estabeleça uma boa higiene do sono, aprendendo todos os passos que comentamos aqui.

Também considero importante que você revise suas crenças limitantes ou irracionais relativas ao sono. Por exemplo: o que acontecerá se eu não conseguir dormir um dia? Será horrível? Como dizia o papelzinho de Ferran: "isso também passará." A ansiedade gerada por não conseguir dormir faz com que a própria ansiedade aumente, e essa é a causa de não conseguirmos dormir em paz.

Se, com tudo isso, você percebe que não consegue dormir e precisa recorrer a remédios, não sou ninguém para dizer a você que sim ou que não. Nas aulas, Ferran sempre diz que temos a sorte de viver em um século no qual contamos com todos esses medicamentos, e eu concordo. Todavia, acredito que é justo que você saiba o que esses remédios fazem com o cérebro; depois disso, a decisão é sua.

CHEGA DE REMÉDIOS

Saí de casa, como todos os dias, para ir ao trabalho. Naquela época, vivia a meia hora de moto dali. Eu saía às oito e meia para chegar às nove em ponto à loja. Comecei minha rota em cima de minha pequena Vespa de 49 cilindradas; naquele dia em especial, parecia que as pessoas ao meu redor me olhavam mais. A verdade é que fazia alguns dias que eu me sentia um pouco melhor, meus sintomas não estavam em seu pior momento. "Será por causa da medicação que me deram?", pensei.

Peguei uma das avenidas principais que levam ao centro da cidade depois de rodar um bom tempo pelas pequenas ruas de meu bairro. Foi quando comecei a achar estranho que, além das pessoas na rua, os motoristas dos carros ao lado também estavam me olhando.

Não demorei a escutar uma breve sirene atrás de mim, e o guarda me convidou a parar a moto no acostamento da via.

— Bom dia. Você sabe que é proibido circular sem capacete, não é? — disse em tom irônico enquanto estendia a multa e dava instruções para que seu companheiro imobilizasse meu meio de transporte.

Eu havia percorrido uns três quilômetros sem capacete por Barcelona. E isso não era o pior, o mais grave é que eu não havia percebido.

Fazia mais ou menos um mês que eu tinha começado a tomar medicação para controlar meus sintomas. O psiquiatra que me atendeu me receitou Myolastan, um relaxante muscular que afeta o GABA, do qual Sara nos falou. Não sei quais efeitos essa medicação tinha em seus outros pacientes, mas eu andava drogado até o dedão do pé e, para ser sincero, tirando essa história e outra vez que cheguei também de moto até meu destino sem nem mesmo me dar conta, não me lembro muito dessa etapa de minha vida.

Anos depois, li que esse medicamento foi proibido. Guille Milkyway escreveu uma canção sobre ele para sua banda fictícia La Casa Azul. Dizia assim:

> *Chega de Myolastan,*
> *chega de doxilamina, chega,*
> *hoje começa minha nova vida,*
> *vou mudar o final, vou voltar a voar,*
> *já não há nada que me impeça.*

Uma maravilha que me acompanhou durante muito tempo em meu processo de superação da ansiedade. Recomendo que você leia a letra porque, como acontece com todos os artistas, não sei do que ele queria falar, mas para mim é sobre sair da ansiedade.

E os comprimidos instantâneos?

Os medicamentos contra a insônia são destinados a bloquear as substâncias químicas envolvidas na ativação da vigília e a potencializar aquelas substâncias relacionadas à ativação do sono. Apesar dos efeitos colaterais de todos esses medicamentos, eles são cada vez mais receitados.

Ansiolíticos

São aqueles que normalmente terminam com "-pam". Entre eles, estão os famosos diazepam e lorazepam, que fazem parte do grupo de fármacos chamados "benzodiacepinas". Os ansiolíticos são receitados quando alguém sofre de ansiedade porque acalmam imediatamente e também ajudam a dormir. Em geral, são tomados de maneira pontual ou durante um breve período de tempo, uns três meses, já que criam dependência e tolerância rapidamente.

Sua função é potencializar a ação inibitória do neurotransmissor GABA, que se encontra ativo quando dormimos, para acalmar a atividade neural. Eles nos sedam, o que não é a mesma coisa que dormir. De certa forma, poderíamos dizer que conseguem fazer com que a transmissão das informações entre os neurônios seja mais lenta; possivelmente por isso, ao tomarmos esses medicamentos, também notamos estupor mental, confusão e, inclusive, perdas de memória.

Esse tipo de fármaco piora a qualidade do sono em longo prazo e reduz o sono profundo, aquele que, como dissemos, é importantíssimo para o cérebro. Isso sem falar que, na manhã seguinte, você se levanta como um zumbi drogado, louco para aumentar a dose de café (o que piorará o sono). E então você já estará dentro desse ciclo vicioso.

Já faz tempo que se luta para que os médicos, em vez de receitarem esse tipo de comprimido, optem por prescrever antidepressivos, já que os efeitos colaterais aparentemente não são tão nocivos.

Antidepressivos

São aqueles como a bupropiona, o citalopram ou o mais conhecido: Prozac. Os antidepressivos normalmente demoram algumas semanas para fazer efeito e são tomados por períodos mais longos que os ansiolíticos. Eles não causam tanta dependência nem tolerância, mas também têm efeitos colaterais como náuseas, vômitos, aumento de peso, sonolência ou disfunção sexual.

Qual o efeito dos antidepressivos no cérebro? Tudo depende do tipo. Os mais utilizados atualmente são os ISRS (inibidores seletivos de recaptação de serotonina). Como o nome indica, eles inibem a recaptação de serotonina, ou seja, fazem com que o neurônio que libera esse neurotransmissor não consiga voltar a recaptá-la para seu interior, já que o antidepressivo bloqueia essa entrada. Assim, a própria serotonina que o cérebro libera tem mais probabilidade de se unir ao receptor de outros neurônios e pode exercer seu efeito de bem-estar. Entenda, então, que os antidepressivos não são doses de serotonina, mas são usados de modo a fazer com que a sua própria serotonina seja utilizada melhor e vá aonde deve ir para ter seu efeito.

Há outro tipo de remédio que funciona de maneira similar, mas, em vez de aproveitar ao máximo a serotonina do cérebro, utiliza a dopamina, já que, lembre-se, esta aumenta também sua motivação perante a vida. Esses antidepressivos são os do tipo ISRD (inibidores seletivos da recaptação de dopamina).

Outro tipo de antidepressivo muito receitado no passado é o chamado tricíclico, que não inibe a recaptação de serotonina, mas estimula sua produção. Entretanto, esse tipo de medicamento também potencializa o efeito da noradrenalina que, se você se lembra, é liberada quando estamos no modo de luta ou fuga; trata-se, portanto, de um hormônio que nos faz sentir despertos, nos ativa. Com o tempo, foi possível notar que esses antidepressivos também atuavam sobre outros neurotransmissores, como a dopamina e a acetilcolina, sem se saber exatamente como, e criavam dependência. Por esse motivo, são muito menos usados hoje em dia.

No que se refere ao sono, no geral, os antidepressivos produzem sonolência, mas, novamente, também afetam a qualidade do descanso, e, por isso, muitos dos processos que vimos que o cérebro desenvolve durante o sono provavelmente não são realizados da mesma maneira.

Anti-histamínicos

Dentro desse grupo, está a Dormidina, um anti-histamínico famoso na Espanha, que pode ser comprada sem receita na farmácia e ajuda a combater a insônia de maneira pontual. É um anti-histamínico de primeira geração; inibe os receptores H1, que são autoestimulantes da vigília.

Muitos desses tratamentos são, com frequência, limitados, já que logo apresentam tolerância ou produzem graves efeitos colaterais. E o mais "engraçado" é que, normalmente, ao se retirar a medicação, é gerado um efeito rebote de insônia, causado muitas vezes por uma síndrome de abstinência. Ou seja, devido ao desespero causado por não conseguir dormir ou descansar bem, é mais provável que a pessoa volte a usar a medicação. É irônico, mas, se você para pra pensar, os medicamentos contra a insônia podem acabar dando insônia!

Substâncias naturais

Muitas pessoas tomam valeriana, passiflora ou outras plantas desse tipo que ajudam a acalmar a ansiedade ou a conseguir dormir tranquilamente. Dentro da comunidade científica, um grande número de especialistas desaconselha o consumo dessas substâncias, pois seus efeitos colaterais sobre a qualidade do sono são desconhecidos. Outros consideram que elas agem como um poderoso placebo.

O *clube das cinco da manhã?*

Um dia, Ferran me enviou uma foto por WhatsApp com um parágrafo que falava do cérebro e do que acontece quando acordamos cedo. Meu amigo adora madrugar e queria confirmar as palavras que tinha lido naquele que então era o último best-seller de Robin Sharma.

Devo confessar que, quando li a parte de neurociência desse livro, fiquei um pouco hesitante em relação a seus argumentos. Depois de dar minha opinião a Ferran, que gosta muito de Sharma, acho que ele ficou um pouco decepcionado. Não comigo, mas com o autor canadense.

Eu também gosto muito de madrugar, mas é verdade que acordar às cinco da manhã potencializa a genialidade, a criatividade e o rendimento? Que eu saiba, não há estudos científicos rigorosos que apoiem essa teoria. Parte do que é dito no livro faz sentido, mas eu explicaria de outra maneira.

É certo que, se você acorda quando a maioria das pessoas ainda está dormindo, isso favorece sua capacidade de atenção. Primeiro porque, obviamente, não existem tantas distrações ao redor (por exemplo, não tem ninguém enviando mensagens o tempo todo). Por esse mesmo motivo, muitas pessoas trabalham ou estudam melhor à noite. Além disso, pela manhã, as ondas cerebrais ainda não se encontram no estado beta ativo, possivelmente estão em um estado alfa relaxado, o que favorece ainda mais sua capacidade de concentração e atenção. Também é certo que, nesse momento, as taxas de cortisol, em princípio, não estão tão elevadas, e você sente menos ansiedade. Além disso, se você acaba de acordar de um sono REM, o córtex pré-frontal ainda não está totalmente ativado, a mente ainda tem um resíduo onírico que pode ajudar a potencializar sua criatividade.

Por isso, acredito que seja melhor meditar, algo muito difícil para muitas pessoas, assim que nos levantamos, quando a cabeça ainda não está tão ativa e imersa no dia a dia, e o mesmo ocorre no caso da ioga ou de tirar um momento para "seu crescimento pessoal" no geral. Incentivo que experimente isso porque, depois que você está envolvido nos afazeres habituais, é muito difícil encontrar esse momento. O fato é que um bom despertar pode levá-lo a ter um dia muito bom. Agora, para madrugar, não vale perder horas de sono. Já vimos a importância de passar pelos diferentes estágios do sono para desfrutar de uma boa saúde. Minha recomendação é que você vá dormir mais cedo.

5

Sair da ansiedade depende de você

MUITO PRAZER, SOU SUA FORÇA DE VONTADE

Quando eu estava no ensino fundamental, de um ano para o outro, mudaram a maneira de avaliar os progressos educacionais. Passaram a nos pontuar em uma escala de zero (você é muito ruim) a dez (você é muito bom), a nos qualificar de maneira suave e fofa. Se os estudos não eram seu forte, colocavam em seu boletim: "Precisa melhorar"; se você atendia às expectativas: "Está progredindo bem." Você podia ganhar um "Precisa melhorar" em matemática e um "Está progredindo bem" em gramática. No meu caso, minhas notas de final de trimestre tinham um matiz a mais: minhas professoras sempre colocavam "Está progredindo bem, mas abaixo de suas possibilidades". Elas diziam a meus pais que eu me distraía até com uma mosca e aplicava a lei do mínimo esforço. Meu raciocínio era claro: "Se consigo ser aprovado sem suar e brincando o dia todo, para que vou me esforçar mais?"

Esse pensamento ficou marcado em meu inconsciente, e suponho que minhas conexões neurais se transformaram em autopistas de quatro faixas por onde essas ideias circulavam livremente e em alta velocidade.

Aos doze anos, comecei os anos finais do ensino fundamental; quatro anos depois, comecei o ensino médio. Durante essa etapa, minha técnica era exatamente a mesma: não me esforçar mais do que o mínimo para nada! No sétimo ano, ganhei uns jogos florais de poesia, um concurso literário feito em homenagem a São Jorge, uma tradição muito bonita em minha cidade. Eu não escrevia mal; na verdade, eu gostava de escrever, mas, aplicando minha lei, copiei um poema de Federico García Lorca, um que era pouco conhecido, e, claro, fiquei em segundo lugar. Não sei o que me preocupa mais agora, ser tachado como plagiador ou que você veja o nível dos professores, que deram o segundo lugar para um poema de Lorca. Em qualquer um dos casos, a lei de "consigo coisas mesmo fazendo pouco" era forte em mim.

Aos trancos e barrancos, fui crescendo e sendo aprovado nos cursos, passando raspando, mas ia conseguindo. Já falei sobre minha fase escolar, mas esse assunto veio de novo à minha cabeça porque nos levará a outra maneira de agir: a mentira. Já lhe conto.

Quando terminei o ensino médio, tive que prometer quase de joelhos à minha professora de latim que não me inscreveria no vestibular para que ela me "passasse com a média". Consegui, e acredito que ali se fortaleceu outra conexão: "Sem mexer um dedo e com um pouco de lábia, se consegue tudo."

Você já pode imaginar por que, justamente nessa época, minha ansiedade apareceu. Visualize toda essa mentira mental montada em minha cabeça, que se estendia ao meu entorno. Quando você mente para uma pessoa de seu convívio, precisa enganar todas, porque senão o roteiro não se encaixa. Minha mãe sempre me dizia: "É mais fácil pegar um mentiroso do que um manco." Então, para que não nos peguem, a solução é montar um filme inteiro dessa mentira, e o filme era o seguinte: Ferran é um rapaz muito legal com uma personalidade vencedora, fuma como James Stewart e bebe com o mesmo estilo que Humphrey Bogart. É um pouco rebelde, mas sem passar dos limites. Líder de uma banda de pop rock alternativo, um pouco boêmio e inconformista.

A realidade era a seguinte: Ferran é um rapaz com inseguranças, tem uma personalidade vencedora, talvez, mas inexplorada. Fuma para ser aceito pelos outros rapazes do instituto, mas fica com uma tosse terrível e, na verdade, acha nojento. Bebe, mesmo que o álcool lhe caia muito mal e, a cada duas cervejas, precise fugir para o banheiro e colocar a bebida para fora e poder continuar com a festa. Não é nada rebelde; está sempre com medo de não seguir as normas ou fazer algo fora da lei. É líder de uma banda, mas acha que é o único dos sete integrantes que não faz nem ideia de como se toca. É mais conformista com tudo e segue as modas "alternativas da vez".

Com esse roteiro montado, as paralisias não demoraram para chegar. Some a tudo isso o fato de que encontrei uma namorada dependente que me mantinha o dia todo na rédea curta, da qual levei mais de quinze anos para me libertar. Já falarei dessa parte de minha história mais adiante.

Estou contando todas essas coisas com uma única intenção. Se sua vida se assemelha minimamente a isso, pare agora mesmo! Isso vai lhe fazer mal.

Depois de todo o trabalho pessoal que venho explicando, minha atitude mudou de forma radical para o que acredito que realmente sou, embora minha opinião seja a de que ninguém acaba de se conhecer totalmente. O Ferran real é uma pessoa trabalhadora, incansável e lutadora. Sempre pensando nos outros, em algumas ocasiões ainda é difícil para ele se priorizar. Tem muita vontade de saber, ler e aprender. É seguro de si e em paz com seus defeitos e virtudes.

Top três para acalmar a ansiedade

Depois de tudo isso, você deve estar se perguntando: "E como eu faço para acalmar a ansiedade? Como faço para deixar de produzir todo esse cortisol que me inunda e me desgasta?" Bem, não acho que você esteja fazendo essa última pergunta, mas é o que acontece.

"Algum dia conseguirei voltar a estar 'bem'? Meu cérebro voltará a funcionar corretamente?" A grande dúvida que as pessoas têm quando sofrem de ansiedade é se vão poder desfrutar novamente de uma vida calma e feliz. Ferran conhece muito bem a resposta e há anos grita aos quatro ventos. "Sim! É possível!" Que grande notícia, não é?

Tudo o que vou comentar a seguir o ajudará muito a restabelecer todas as partes alteradas de seu cérebro, a baixar os níveis de cortisol e aumentar a neuroquímica que o auxiliará a melhorar o estado de ânimo e se sentir em paz e calmo.

Eu gostaria de começar com o que Ferran e eu diríamos a você se estivesse em nosso curso:

> "Prepare-se bem porque, para conseguir, você deve se armar de predisposição, força, coragem e muita paciência. O caminho que o espera é longo. Tendo em mente que vai ser uma peregrinação, já de antemão aceite que haverá dias de todo tipo. Dias nos quais você dará passos para a frente, outros em que não notará avanços e alguns em que cairá e desejará jogar a toalha."

Seja como for, eu o encorajo a manter-se firme e seguir andando, pisando com força e sabendo bem para onde vai, aconteça o que acontecer.

Porque você sabe o que o espera depois de superar a ansiedade, não sabe? Como Ferran se sentiu ao conseguir isso?

> Este livro lhe dá informação e ferramentas, mas tenha consciência de que só você pode se salvar, só você pode colocá-las em prática e fazer com que as mudanças aconteçam. Não espere por varinhas mágicas; a responsabilidade é sua. Tudo o que você fizer deverá ter um objetivo maior: sua saúde mental e física. Deixe que esse motor o ajude a conseguir alcançá-lo!

Está preparado? Ótimo! Então você deve estar "ansioso" – não haveria palavra melhor – para saber: como consigo me acalmar de maneira natural sem recorrer eternamente aos comprimidos? Como faço para sair de uma vez por todas da ansiedade?

Sinto decepcioná-lo ao dizer que, na realidade, no fundo, você já ouviu tudo o que deve fazer muitas outras vezes. No entanto, uma coisa é saber, e outra é implementar de verdade, de maneira que seu corpo e sua mente realmente entendam. A ideia é que você integre essas práticas à sua vida. Tenho consciência de que, muitas vezes, temos a informação, conseguimos entendê-la, mas não a aplicamos. Dizemos: "Conheço a teoria."

Isso se deve ao fato de que você não deu um "clique" em sua cabeça. Talvez seja um conceito que você não tenha associado a outros ou a crenças que rondam sua mente. Não foram criadas as conexões com outras partes de seu cérebro que permitam que, por fim, a mudança ocorra.

> Depois de ler este livro, há muitas possibilidades a mais de que essa mudança aconteça agora.

Recomendo que você leia as próximas páginas com a mente aberta e se deixe surpreender, já que muitos elementos destas atividades podem ajudá-lo a entender tudo melhor e fazer com que seja mais fácil e motivador colocá-las em prática depois.

> Você não notará as mudanças nem hoje, nem amanhã, mas, sim, daqui a um bom tempo. A disciplina para continuar treinando é importante. Tudo é questão de prática, prática e mais prática. Mas você está decidido a "suar" um pouquinho, não é?

Nervo vago no modo on

Precisamos parar o mecanismo de luta ou fuga! Esta é a missão: conseguir fazer com que o cérebro não fique ativo constantemente e deixar o sistema nervoso simpático descansar.

Para isso, contamos com a inestimável ajuda do sistema nervoso parassimpático, que nos devolverá à normalidade. É ele que pode fazer com que os sistemas digestório, reprodutivo e imunológico, entre outros, funcionem bem. Além disso, ele também nos ajudará a regenerar as partes alteradas do cérebro graças ao estado de relaxamento.

> Conseguimos isso por meio de nosso top três antiansiedade: a meditação, a consciência corporal e a respiração, ferramentas que você terá que implementar.

Já falamos que você precisa começar a trabalhar duro, como Ferran e muitos outros que já conseguiram. Adiante, falarei dessas ferramentas com detalhes.

O sistema parassimpático não é ativado quando queremos. Quem dera fosse tão fácil como ter um botão de "on/off", mas o sistema nervoso parassimpático é ativado de maneira indireta. Como? Por meio da estimulação de um de seus nervos, o nervo vago. Esse é seu principal e maior nervo; tem o ponto de saída no cérebro e passa pela laringe, esôfago, coração e pulmões até chegar ao sistema digestório.

O nervo vago está conectado ao tronco encefálico, onde é processada e regulada a maioria das funções automáticas e inconscientes de praticamente todo o resto do corpo. Um dado curioso é que as conexões desse nervo são 80% aferentes, ou seja, transmitem sangue de uma parte do organismo a outra. Desses 80%, 20% vão em direção contrária, partem do cérebro e se movem até o corpo. Por isso, há mais comunicação corpo-cérebro que cérebro-corpo.

Isso funciona da maneira como vou explicar a seguir.

> Quando o nervo vago é estimulado, envia uma mensagem ao cérebro que diz: "Está tudo bem." Graças à ativação do nervo vago, a frequência cardíaca se desacelera, o trânsito intestinal é favorecido e, inclusive, parece ocorrer um efeito anti-inflamatório no corpo, fortalecendo o sistema imunológico.

Hoje em dia, o nervo vago continua sendo um grande tema de estudo, pois tudo indica que ele constitui um ponto-chave para tratar os transtornos de ansiedade e depressão. Em 1997, nos Estados Unidos, esse nervo começou a ser estimulado eletricamente para o tratamento da epilepsia e da depressão. Desde então, sua estimulação elétrica para curar diferentes transtornos mentais, como a ansiedade, tem sido estudada. Acredita-se que a estimulação do nervo vago tenha o mesmo efeito de um ansiolítico e promova a neuroplasticidade, aumente a memória e reduza o medo condicionado, entre outras coisas. Não é para você pesquisar onde fica o nervo vago e começar a dar choque nele, hein! Não se desespere, porque já vamos dizer o que você pode fazer sem passar pelas faíscas. Saiba que esse tipo de terapia não é muito difundido atualmente, pois ainda estão fazendo testes com humanos; falta saber como todos esses mecanismos funcionam e quais efeitos colaterais podem causar. Então, repito: fique longe da tomada.

> O nervo vago recebeu esse nome porque é errante, já que vagueia por todos os órgãos.

Agora você deve estar se perguntando: "Eu posso estimular esse nervo naturalmente?" Claro que sim! Como? De várias maneiras, entre elas, praticando o nosso top três, passeando na natureza, cantando, escutando músicas tranquilas, dormindo, rindo, passando um tempo com pessoas queridas e, inclusive, fazendo gargarejos. Quanto mais você o ativar, mais ganhará em "tom vagal"; e quanto mais tom vagal você tiver, mais fácil será passar de um estado ativo a um estado relaxado.

Conversas entre o coração e o cérebro

A ansiedade afeta o funcionamento do coração. É assim, mas não se assuste. O coração e o cérebro se comunicam entre si, e isso afeta a frequência cardíaca. Quando a variabilidade da frequência cardíaca é alta, o cérebro e o coração conseguem se coordenar muito melhor.

E o que isso significa? Que esse processo nos ajudará a nos sentirmos com o ânimo melhor; além disso, quando o coração e o cérebro se sincronizam, todos os sistemas fisiológicos funcionam de maneira ideal e ganhamos em clareza mental. Nossa memória e atenção aumentam, inclusive processamos melhor as emoções. Isso acontece porque o coração se conecta com partes emocionais do cérebro, como a já conhecida amígdala, e com outras mais racionais, como o córtex pré-frontal.

O coração desempenha um papel tanto na modulação dos processos cognitivos superiores como na regulação das emoções. De fato, aparentemente, o coração também é capaz de fazer com que sejam liberados neurotransmissores como a ocitocina, conhecida como "hormônio do amor".

> Um estudo publicado recentemente na *Science* afirmou que quando o cérebro responde às batidas do coração, percebemos melhor a realidade!

De fato, tudo isso abriu um grande debate na comunidade neurocientífica, já que o coração deixou de ser uma mera bomba sanguínea que ajuda a nutrir e oxigenar as células do corpo para começar a ter seu papel dentro do mundo da neurociência. Por outro lado, isso significa que o cérebro já não é a sede exclusiva da mente e das emoções, mas que parece agir em conjunto com outros órgãos.

Agora você vai pirar e entender muitas coisas que acontecem com seus pais, amigos ou colegas de trabalho.

> Estudos muito recentes apontam que os corações das pessoas que passam tempo juntas se coordenam.

Poderíamos dizer que a batida de seu coração, que já vimos que está muito relacionada à quantidade de estresse, ansiedade ou ao estado de ânimo em que você se encontra, influencia no coração das outras pessoas. Mais um motivo para nos cuidarmos e seguirmos um estilo de vida saudável, não acha?

ORGASMOS AO INSPIRAR

A respiração é possivelmente a ferramenta mais importante para combater os sintomas da ansiedade. Digo isso em todas as minhas aulas e palestras, e ainda há pessoas que não acreditam em mim até começarem a praticar.

Meu primeiro contato próximo com essa ferramenta aconteceu durante meus episódios de paralisia, que já foram superados. Eu conhecia seus benefícios de antes, o mestre Lee tinha me ensinado a respirar de maneira diafragmática enquanto eu praticava tai chi em suas aulas. Para mim, entender que eu não respirava bem foi uma grande descoberta, pois isso me ajudou a ficar muito melhor e, com o tempo, muito bem. Mas na história que quero contar a você, vi que essa questão da respiração ia muito além.

Em uma de minhas aulas de meditação em psicologia budista, conheci um rapaz; a verdade é que não me lembro de seu nome, mas o chamaremos de Álex. Esse rapaz estava muito envolvido em toda a corrente de terapias alternativas e atividades de crescimento pessoal praticadas na cidade. Criamos uma amizade; eu estava em plena busca pela verdade e acreditava que aqueles encontros poderiam me ajudar a ver a luz. Em uma pequena sala de Gràcia, fomos assistir ao novato Sergi Torres, agora um grande conferencista, que falava sobre um livro de milagres. Não entendi nada da palestra ("Essa coisa de anjos e Deus não é minha praia", pensei). Também me lembro de ter assistido a um evento chamado "Ecstatic dance" em uma sala com música *new age* onde as pessoas fluíam no compasso. Enquanto fui para o canto mais escondido possível na esperança de que ninguém chegasse perto de mim, Álex ia de um lado para o outro da sala dançando ao estilo Lula Molusco, do desenho *Bob Esponja*. O fato é que saí dessa experiência com a sensação de que aquele era um grande grupo de gente tentando o de sempre: "dar uns amassos na balada", mas disfarçando o objetivo com algo espiritual.

Depois nos convidaram para uma sessão de *rebirthing*. Fui às cegas; só a sensação de que eu conseguia ir aos lugares sem sofrer de ansiedade fazia com que eu aceitasse ir a tudo.

Ao entrar na sala, encontramos um grupo grande formado por, como em todas essas atividades, 90% de mulheres e algum homem perdido. Suponho que elas estejam mais abertas a se escutar e trabalhar suas carências. Para nós, homens, isso é mais difícil.

Fomos recebidos pela professora, uma moça lindíssima com um robe branco semitransparente. Imagino que Álex pensou: "Acho que vou me dar bem"; e eu pensei: "Nós nos metemos em uma seita." O medo continuava instalado em mim, embora eu já o direcionasse bem.

Fomos separados em duplas. Fiquei com uma garota muito simpática que quis me dar um spoiler do que aconteceria em seguida.

— É a sua primeira vez? — perguntou.

— Sim. Na verdade, não sei muito bem do que se trata.

— Vamos explorar a sexualidade por meio da respiração. Você vai ver, é o máximo — soltou.

Em seguida, a professora orientou que nos deitássemos olhando para o teto e que puséssemos as mãos sobre a barriga. Ao ritmo de uma música orquestrada com bumbos, tínhamos que respirar puxando e soltando o ar muito rápido. Era como se estivéssemos hiperventilando, mas com brutalidade.

Duzentas respirações mais tarde, sem esperar por isto, as pessoas ao meu redor começaram a ter orgasmos, a gemer e a mexer as cadeiras como se estivessem fazendo amor com o homem invisível. Na quinta respiração, eu tinha entrado em uma crise de ansiedade como as de antes.

Porém, esse pequeno piripaque me serviu de algo. Comecei a formular para mim mesmo as perguntas corretas sobre o assunto. Eu tinha comprovado que a respiração era capaz de me provocar uma crise de ansiedade e de fazê-la parar. Então, na solidão do meu quarto, e com as técnicas que eu tinha aprendido, iniciei meu primeiro estudo científico caseiro, mas, em vez de ratos, usei a mim mesmo como cobaia. A comunidade defensora dos animais me agradecerá.

Para realizar meu estudo, precisei de quatro elementos: papel, caneta, um cronômetro e ter muito claro que, por trás do medo, está tudo de bom que acontecerá em nossa vida.

Com isso, comecei a pesquisa. Todos os dias cronometrava quanto tempo demorava, por meio da respiração, a provocar uma crise de ansiedade em mim mesmo (de algum modo, eu era movido pela esperança de que também alcançaria um orgasmo). Quando começava a sentir a pressão na cabeça e as palpitações, anotava o tempo e começava a respirar de maneira abdominal. Nesse caso, também anotava quanto tempo levava para superar a crise.

A conclusão foi que, com o passar do tempo e com a prática, eu demorava cada vez menos para superar a crise e cada vez mais para tê-la, até que, no fim, deixei de conseguir provocá-la. A ansiedade nunca mais chegou assim, muito menos o orgasmo; continua sendo um mistério para mim como todo aquele grupo conseguia atingi-lo.

Top três: Respiração

O mágico da respiração é que ela constitui uma das poucas ações automáticas que podemos controlar de acordo com nossa vontade. Se você aprender a desacelerá-la, os benefícios que isso lhe trará nos níveis mental e físico serão incríveis, e essa é considerada uma das ferramentas mais potentes para acalmar os sintomas da ansiedade.

Respiramos de doze a vinte vezes por minuto. Você pode calcular sua frequência respiratória pondo a mão no tórax e contando quantas respirações completas faz em trinta segundos. Largue o livro por um momento e faça isso, serão apenas trinta segundos. Estarei esperando quando você terminar.

Quantas respirações você contou? Certo, então multiplique o número por dois para saber quantas vezes você respira por minuto. Para reduzir os sintomas da ansiedade, é preciso respirar cinco ou seis vezes por minuto. Esse tipo de respiração é denominado "diafragmática" ou "abdominal". Você ficou muito longe disso?

> A maneira mais fácil de alcançar essa frequência respiratória é alongando a exalação.

Respirar de maneira profunda desacelera a frequência cardíaca, diminui a pressão arterial e baixa a concentração de cortisol, além de reforçar o sistema imunológico. Isso sem mencionar o fato de que quanto mais profundamente respiramos, mais oxigênio chega às células do corpo em geral e aos neurônios do cérebro em particular!

A respiração afeta o coração, e a frequência cardíaca varia de acordo com a maneira como respiramos.

> Quando respiramos fundo, a frequência cardíaca desacelera devido à estimulação do nervo vago, de modo que o sistema parassimpático é ativado, propiciando o estado de relaxamento.

A variabilidade da frequência cardíaca, por sua vez, aumenta. Assim, quando respiramos de maneira profunda, parece que o coração e a respiração se tornam dependentes um do outro: ao inalarmos, o coração bate com mais intensidade; ao exalarmos, ele bate de forma mais lenta. Isso é o que se chama de "arritmia sinusal respiratória" (ASR), outro índice associado ao sistema nervoso parassimpático.

> Quando o estado de ASR é alcançado, a comunicação entre cérebro e coração é favorecida e a ansiedade é reduzida.

Ainda não se sabe muito sobre todos os mecanismos que são ativados durante a respiração e como eles afetam o cérebro. Contudo, em um estudo recente publicado na *Science*, foi descoberta a via anatômica pela qual o cérebro sabe como estamos respirando, e analisaram-se as mudanças que ocorrem na atividade cerebral conforme a maneira como respiramos.

> A respiração influencia a atenção, a memória e a maneira de gerenciar as emoções.

Respirar de uma maneira profunda parece diminuir a atividade da amígdala, reduzindo, assim, as taxas de cortisol. Também aumenta o córtex pré-frontal e sua conexão com a amígdala (rede fronto-límbica), e, por isso, nos tornamos menos reativos e adquirimos maior capacidade responsiva. Já deu para perceber que aplicar esse tipo de respiração não é pouca coisa, e você aí pensando que isso era história de gurus desinformados.

Existem muitas técnicas de respiração que funcionam bem para acalmar a ansiedade. Embora os estudos sobre o tema não sejam de todo confiáveis, sabemos que uma técnica muito efetiva é respirar de maneira abdominal ou diafragmática.

> A respiração abdominal ou diafragmática aumenta a quantidade de oxigênio no sangue, o que contribui para que as células possam realizar corretamente seus processos químicos. O cérebro também é beneficiado por esse aumento: sem oxigênio, os neurônios morrem!

Se você começar a praticar, leve em consideração que deve inspirar pelo nariz, e não pela boca. Além dos benefícios fisiológicos, como filtrar a sujeira do ar, isso também tem efeitos benéficos no nível cerebral; pelo menos, foi o que mostrou Christina Zelano, cuja pesquisa aponta que a respiração nasal influencia a amígdala e o hipocampo, duas áreas que, como já se sabe, são muito alteradas quando sofremos de ansiedade.

> A respiração nasal serve como contenção emocional e, consequentemente, nos acalma.

Ainda não se sabe muito acerca dos mecanismos da respiração e de sua influência sobre a cognição e o estado de ânimo, mas acredita-se que exista uma relação entre a respiração e as emoções. Por exemplo, quando nos assustamos, ficamos sem ar ou nossa respiração fica acelerada ou entrecortada; por outro lado, quando estamos calmos, respiramos profundamente e de maneira mais pausada, como ao dormir. Se respiramos fundo, é mais fácil que o cérebro associe isso a um estado emocional de calma.

> É sabido que pacientes que apresentam problemas respiratórios, como asma ou doença pulmonar obstrutiva crônica, têm mais tendência a sofrer de ansiedade.

Como você pode ver, respirar profundamente traz um sem-fim de benefícios. Para mim, essa é a chave mais acessível que temos para acalmar a ansiedade e modificar aquilo que costuma ser produzido de forma autônoma.

O DIA EM QUE A ANSIEDADE QUASE ME MATOU

Em dado momento, o tai chi chuan me ensinou a começar a me escutar. Mas foi devido a uma das aulas de ioga e consciência corporal que comecei de verdade a prestar atenção no meu corpo e sinais que ele me enviava. Isso foi antes das aulas de orgasmo respiratório das quais falei. Na realidade, foi em uma das piores fases da minha vida, durante os dois anos em que minhas paralisias iam e vinham e antes de eu decidir que solucionaria definitivamente meu problema.

Com a ansiedade, se não temos foco, direcionamento e vontade, e entramos nesse ciclo de sintomas diários, esgotamento, apatia e maus-tratos pessoais, estamos perdidos. E eu, como muitos, não fui exceção. Naquela época, como ia dizendo, eu estava arrasado, cansado de buscar a solução para ansiedade e não a encontrar. Investigava onde achar a varinha mágica que me curasse de um dia para o outro, e, claro, quando você procura algo que não existe, fica esgotado.

Vivia em um apartamento muito pequeno em Barcelona, em um bairro distante, com pouca luz e odores suspeitos nas escadas. Quase não saía de casa, não me sentia bem, não tinha com quem me encontrar, não era mais interessante para meus amigos. Quem quer sair para se divertir com um doente? Eu não tinha emprego e passava o dia vendo séries baixadas da internet, comendo "porcaria", fumando e bebendo cerveja. À noite, era assombrado por ideias suicidas. Eu acreditava que deixar de viver seria uma boa maneira de deixar de sofrer. Afinal, se a vida era aquilo, também não valia a pena vivê-la. Consegui seguir adiante e chegar à felicidade graças a três coisas: dois livros e uma emoção. Os dois livros foram o *Tao-Te King*, de Lao Tse, e *Meditações*, de Marco Aurélio. Não sei o que faziam em minha casa, mas ali estavam, na estante. Suponho que tinham que estar ali para que eu os lesse. As filosofias taoísta e estoica mudaram minha maneira de interpretar o mundo, embora eu tenha demorado um tempo para entender e começar a aplicar tudo o que esses livros maravilhosos me contaram. Se não me matei durante aquela época, foi devido ao terceiro elemento do conjunto: o medo. É verdade, se matar dá medo, porque morrer é assustador. E nós, que sofremos de ansiedade, temos muito medo; no fundo, matar-me não era uma opção. Se eu não conseguia superar o pavor de sair na rua, como iria me matar? Pulando da janela? Sentia vertigem, impossível. Tomando um frasco de comprimidos? Eu não sabia nem engolir uma cápsula com água, como ia ingerir uma dúzia? Parando de comer?

Com meus cinquenta quilos a mais de reserva para um mês, seria lento demais. A punhaladas? Não tinha colhões. Com um tiro? Por favor, Ferran, não estamos nos Estados Unidos. Além disso, Sara já nos contou que o medo é uma emoção adaptativa e a chave para que sigamos vivos como espécie. E posso dizer que isso é verdade, ele cumpriu sua função.

No fim, desisti e, graças à leitura, como eu ia dizendo, comecei a mudar o chip. Pouco a pouco, me dei conta de que tinha que buscar ferramentas que pudesse usar para sair daquela situação. E foi assim que fui parar nas aulas de consciência corporal.

As aulas eram ministradas por um rapaz em uma sala do bairro de Gràcia, em Barcelona, bem em cima de um McDonald's, o que era contraditório e engraçado, pois às vezes, em plena aula, enquanto respirávamos, sentíamos cheiro de batata frita. A questão é que, nessas aulas, comecei a entender que meu corpo me dava diversos avisos, e, pouco a pouco, com exercícios que me ajudavam a escutar cada uma de suas partes, fui perdendo o medo de meus sintomas. Cada vez ficava mais fácil percebê-los quando ainda eram leves, e eu conseguia aplicar técnicas para diminuí-los antes que piorassem. Eu me antecipava a eles, até que paulatinamente foram desaparecendo.

Top dois: Consciência corporal

Este assunto daria outro livro. Tentarei tratar de todos os benefícios de mover o corpo a partir do que descobri com a neurociência e a ioga. Mas por que a ioga? Não é que ela seja melhor nem pior que outras formas de se conectar com o próprio corpo, mas dedico grande parte de meu tempo a praticá-la e a compartilhá-la em minhas aulas, e considero que a prática da ioga está na metade do caminho entre uma atividade física como o esporte e a meditação em movimento, como o *bodyfulness*, o qigong e o tai chi chuan.

Na ioga, a realização das posturas (asanas), a respiração controlada (pranayama), a meditação e o relaxamento profundo são combinados. Esse grande combo traz todos os benefícios compartilhados com qualquer outra atividade física, além daqueles obtidos com a prática de uma respiração profunda (abdominal ou diafragmática) e da meditação, da qual falaremos mais tarde.

A ioga, como atividade física habitual, tem muitos benefícios que vão além do fato de melhorar o sistema cardiovascular, queimar calorias, reduzir gordura ou manter a massa muscular. Não vou explicar os benefícios no nível corporal, já que você pode encontrar essas informações em qualquer lugar, mas vou explicar os benefícios no nível cerebral que são comprovados cientificamente; muitos desses benefícios afetam o estado de ânimo.

A ioga produz felicidade

Assim como qualquer atividade física, a ioga estimula a produção de endorfinas, neurotransmissores que induzem sensações de bem-estar e prazer, que, por sua vez, diminuem a sensação de dor.

Ela também ajuda na liberação da dopamina, um neurotransmissor que ativa o sistema de recompensa, entre muitas outras funções. Além disso, aumenta a segregação de serotonina, neurotransmissor conhecido como "o hormônio da felicidade"; com isso, provoca bem-estar e felicidade.

Demonstrou-se que a ioga também libera ocitocina, considerada por muitos o hormônio do amor social, que adquire um papel muito importante durante a maternidade. Um nível mais alto de ocitocina a ajuda a se sentir mais relaxada, querida e preparada para lidar melhor com qualquer situação estressante que se apresente.

A ioga reduz o estresse, a ansiedade e a depressão

Muitas posturas da ioga têm como foco abrir o peito, fazendo com que a caixa torácica expanda e o diafragma relaxe. Assim, fica cada vez mais simples respirar de maneira profunda.

Com essa respiração, o nervo vago é ativado. Em uma sessão de ioga, podemos conseguir isso cantando mantras, como o Om (mesmo que pareça um pouco esquisito, funciona muito bem). Também é muito eficaz ouvir uma voz calma como a do professor ou simplesmente uma música tranquila enquanto se pratica.

Como professora de ioga, gosto muito de ver como as pessoas começam a bocejar no fim da aula, o que para mim significa que seu nervo vago foi estimulado e o sistema nervoso parassimpático está atuando, o que diminui o cortisol. Tudo isso reduz o estresse, a ansiedade e a depressão.

A ioga melhora a capacidade de concentração e a memória

Quando praticamos qualquer exercício físico regularmente, como dançar ou fazer ioga, o volume do hipocampo e do córtex pré-frontal aumenta. Isso é interessante para nós, já que vimos que essa parte é alterada quando sofremos de ansiedade. Assim, tanto a memória e a concentração quanto a capacidade de aprendizagem e raciocínio melhoram.

Como exercício físico, a ioga aperfeiçoa a capacidade de concentração, a memória de longo prazo e a flexibilidade cognitiva, ou seja, a capacidade que temos de conseguir passar de uma tarefa para outra.

Já está pensando que talvez valha a pena começar amanhã mesmo a usar uma dessas ferramentas?

**A ioga desacelera o envelhecimento do cérebro
e aumenta a neuroplasticidade**

A ioga faz com que novas conexões sejam criadas nas redes neurais e ajuda na geração de novos neurônios, já que aumenta o fator neurotrófico derivado do cérebro (BDNF, na sigla em inglês), uma proteína que controla o crescimento de novos neurônios e a cognição.

Embora diversos desses estudos afirmem que a ioga modifica o cérebro de uma maneira muito positiva, você precisa saber que grande parte deles também pontua que os ensaios clínicos realizados têm "limitações metodológicas" e que as amostras de pessoas são muito pequenas; além disso, tratam-se de estudos de curta duração e muito heterogêneos, o que impede que se obtenha uma conclusão definitiva sobre a eficácia da ioga.

> Em suma, é necessária uma pesquisa mais rigorosa nesse campo para que se possa assegurar cientificamente que a ioga é uma ferramenta terapêutica válida para a saúde mental.

Convido-a a ser sua própria pesquisadora e comprovar o grande poder dessa prática milenar escutando seu próprio corpo. No fim, você terá aplicado o método empírico.

Uma das coisas que constatei depois de anos dançando e praticando ioga é que ganhei muito em propriocepção e interocepção. Bem, vamos tornar isso mais fácil: aprendi a escutar melhor o meu corpo.

A interocepção ajuda a captar tudo o que está acontecendo dentro do corpo para comunicar ao cérebro. Você percebe como seus órgãos internos estão, se a barriga está doendo, ou talvez você sinta aquelas pontadas no coração ou sufocamento no esôfago.

Muitos dos estudos do neurocientista António Damásio concluem que aumentar a interocepção nos torna capazes de regular melhor as emoções e tomar melhores decisões.

Por outro lado, a propriocepção nos ajuda a saber como nosso corpo está posicionado no espaço. A postura corporal que adotamos tem um efeito naquilo que sentimos e em nossos processos cognitivos. De fato, o cérebro prioriza antes essa informação do que aquela que vem dos sentidos. Se estou encurvada, projeto o medo em mim mesma, se estou de peito aberto, me sinto mais confiante, com mais segurança e autoestima.

Em um estudo, foi pedido aos participantes que tentassem se lembrar de algumas palavras que apareciam em uma tela no chão e em outra que estava mais acima, à altura dos olhos.

> Os participantes se lembravam de mais palavras negativas da tela que estava no chão, a qual observavam de modo mais encurvado em comparação com a forma como mantinham a postura ao olhar para a tela que estava acima.

Observe como aquilo em que você se fixa e presta atenção pode afetá-lo e note que você se lembra de mais coisas a depender de sua postura corporal. Agora esses autores querem estudar como o fato de ficarmos encurvados olhando o celular o dia todo pode estar nos afetando.

> No ano de 2010, a Universidade de Harvard demonstrou que uma posição de superioridade aumenta a produção de testosterona e cortisol, enquanto uma posição de submissão diminui essa produção.

A expressão facial também influencia muito. Suponho que você já tenha escutado que colocar um sorriso no rosto faz a gente se sentir melhor, não é verdade? Há estudos que confirmam que, quando nos "forçamos" a sorrir durante pelo menos sessenta segundos, o cérebro recebe uma mensagem de que tudo está bem, o que reduz o cortisol e faz com que nos sintamos melhor. Desfazer a cara feia faz com que a atividade da amígdala diminua!

> Desenvolver esses dois "sentidos" o ajudará a escutar melhor seu corpo. Desse modo, por exemplo, você logo se dará conta de que está tenso, e isso lhe permitirá relaxar antes mesmo de ter uma crise de ansiedade.

A Universidade de Harvard está conduzindo estudos sobre a importância do *bodyfulness*, de mexer o corpo de maneira lenta e meditar em movimento, já que tudo isso ajuda a ganhar em propriocepção e faz com que a ínsula interior seja mais ativada. Essa parte do cérebro está envolvida, entre outras coisas, na detecção de erros, na tomada de decisões, na autoconsciência e no reconhecimento de si mesmo. Por isso, ao ganhar em propriocepção e melhorar a postura, talvez estejamos favorecendo todas essas funções. Quem sabe? E você pensando que só respirava e se alongava!

Pois saiba que, além disso, alongar o corpo ajuda a liberar o estresse, a melhorar o alinhamento das costas e a reduzir dores musculoesqueléticas, o que faz com que possamos adotar uma melhor postura e evitar dores físicas.

Assim, você consegue se sentir muito melhor, já que a tensão muscular está associada a estados de ânimo negativos. Nunca aconteceu de você se levantar com dor no pescoço e perceber que já estava irritado? Por outro lado, quando você se sente com o corpo completamente relaxado e sem tensões, que sensações percebe? É mais fácil entrar em um estado de calma, não é?

> Foi comprovado que se nota diferença ao fazer alongamento dez minutos por dia, duas vezes na semana!

Por último, outras práticas como o qigong, pelo qual Ferran é apaixonado, desenvolvem as ondas alfa, ondas cerebrais que aparecem quando estamos tranquilos, relaxados, mas despertos, e que parecem favorecer a capacidade de não prestarmos atenção àquilo que não é importante quando realizamos uma tarefa. Esse estado cerebral dura horas depois de uma sessão de qigong. Quanto mais o praticamos, mais incrementamos as ondas alfa no cérebro. Incrível, não é verdade? Talvez por isso essa técnica seja agora reconhecida pela OMS.

RONCOS BUDISTAS

Anos mais tarde, com o estado de ânimo muito diferente do daquela época obscura, comecei a estudar meditação em um centro budista perto da Sagrada Família. Eu já tinha dado meus primeiros passos nessa técnica nas aulas de psicologia budista. Entretanto, foi nessa nova escola que me aprofundei. Meu professor nesse centro era meu primo. Ainda não falei dele.

Eu sou filho e neto único, ou seja, não tenho irmãos nem primos: meus pais também são filhos únicos. Contudo, alguns familiares distantes, por proximidade com meus pais, ganharam o título de "primos". Esse é o caso de Simón. Desde muito jovenzinho, esse primo foi estudar budismo na Índia, acredito que com apenas 18 primaveras. Ele passou muitos anos lá, até que, um dia, decidiu voltar a Barcelona e abandonar o hábito; não sei o que aconteceu para que ele o deixasse. Simón nunca me contou, mas suponho que, como qualquer garoto de sua idade, um dia, ele tenha olhado embaixo do hábito e se deu conta de que tinha necessidades para satisfazer.

A questão é que esse rapaz, agora psicólogo, começou a dar aulas de meditação em Barcelona, e eu fui para lá. Éramos um grupo grande, mas eu conhecia o professor, me sentia seguro e tentava me sentar nas primeiras fileiras.

Meditávamos seguindo as instruções dele, e, sinceramente, poucos minutos depois de começar, Simón tinha que dar tapinhas no meu joelho porque eu estava roncando e incomodando o restante do grupo. Com o tempo, aprendi a meditar e, graças a isso, aprendi muitas outras coisas. Compreendi que estava cansado e que as ferramentas por si só não me tirariam da ansiedade – eu deveria modificar também todos aqueles hábitos que marcavam o meu dia a dia. Mas essa história eu já contei.

A meditação me deu foco e, com o tempo, minhas ideias começaram a clarear. Conseguia ler e entender os textos com mais facilidade – lembre-se de que sou aquele garoto que se distrai com uma mosca. Isso deixou de acontecer; podiam passar quantas moscas fossem que eu continuava concentrado. E, sem ter planejado, comecei a ler todo tipo de filosofia, um maravilhoso espelho em que eu podia me ver refletido e o qual desconhecia. Dia após dia, por prazer, comecei a aplicar o top três para sair da ansiedade.

Top um: Meditação

Há pouquíssimos anos, eu teria dito a você que não havia estudos científicos sérios que comprovassem os grandes benefícios da meditação.

Ainda bem que abrimos a mente e avançamos a respeito disso. Agora, há muitos artigos que falam do assunto devido à quantidade de pessoas que a meditação ajudou no combate à ansiedade e à depressão, entre outros transtornos mentais. É certo que muitos desses estudos não são muito confiáveis, embora existam afirmações que estejam ganhando veracidade entre a comunidade científica.

Acredito que você já tenha tentado meditar mais de uma vez e, provavelmente, não tenha gostado ou inclusive tenha ficado angustiado e pensando: "Isso não é para mim." E tudo bem, é normal, completamente compreensível. Mas...

> A meditação permite que você domine a mente, não o deixa entrar em *loop* nem viver constantemente no piloto automático.

Portanto, ela afasta a ansiedade de uma vez por todas. A meditação não só reduz a sintomatologia, mas chega a zonas do cérebro que se encarregam de outras áreas que podem transformar a mente de modo substancial.

Quando meditamos, respiramos de forma mais pausada, diminuímos a frequência cardíaca e aumentamos sua variabilidade, o que, como você sabe, incrementa o tom vagal e facilita a passagem para o estado de relaxamento, fazendo com que a coordenação entre cérebro e coração melhore.

Além disso, meditar, assim como praticar ioga, diminui a atividade da amígdala, baixando os níveis de cortisol, reduzindo o hipocampo e aumentando o volume do córtex pré-frontal. Esse processo nos interessa enormemente quando sofremos de ansiedade, já que faz com que o cérebro vá se normalizando.

Meditar aumenta os níveis de GABA, um neurotransmissor muito envolvido nos transtornos de ansiedade e depressão que, como vimos, inibe a atividade elétrica. Esse aumento acalma a atividade cerebral. De fato, o que um ansiolítico como o diazepam faz é aumentar o GABA no cérebro.

> A meditação tem o mesmo efeito de um ansiolítico, é gratuita e não tem efeitos colaterais.

Se você gosta de escutar meditações que afloram os sentimentos de agradecimento e compaixão, é bom saber que, ao fazê-lo, outros tipos de neurotransmissores também são segregados, como a ocitocina e a serotonina.

Troque o chip

Contudo, o que mais me fascina na meditação é que ela nos permite trocar de rede de modo padrão. Já faz alguns anos, constatou-se que quando ficamos sem fazer nada, sem ter nenhum estímulo, o cérebro também produz atividade, e faz isso de maneira espontânea, sem que possamos controlar.

O cientista que descobriu isso o fez por pura sorte; há coisas na vida que são descobertas assim, como o brownie, a penicilina e as batatas fritas.

Esse cientista deixou em repouso os indivíduos cuja atividade mental estava inspecionando. Enquanto isso, dedicava-se a outras tarefas com sua equipe. Logo depois, perceberam que a atividade cerebral daqueles indivíduos não parava quando não tinham nada para fazer! Assim se deram conta de que o cérebro está sempre ativo.

Estima-se que entre 30% e 50% das horas que passamos acordados são ocupadas por pensamentos que não têm relação com a tarefa que estamos realizando. O único momento em que a atividade cerebral cessa é quando morremos. E, mesmo assim, leva minutos até que ela pare completamente. Os médicos atestam que seus pacientes estão mortos quando o coração para de funcionar, mas, na realidade, o cérebro ainda segue ativo. Aqui, entraríamos em outro complexo debate sobre a morte, mas este não é o momento.

Com essa informação, você já pode responder que não está morto ao próximo meditador profissional que vier com esse papo de "deixe a mente em branco, não pense em nada".

Digamos que a rede de modo padrão é aquela que atua quando não estamos fazendo nada, quando a mente divaga ou quando estamos sonhando. Ela entra em funcionamento no momento em que você se distrai daquilo que estava fazendo ou deixa a mente repousar um pouco.

> Foi demonstrado que sonhar ou divagar é necessário para que o cérebro se regenere e para que a criatividade surja.

Quando temos novas ideias, solucionamos problemas que talvez no dia anterior não tenhamos conseguido resolver; quando nos lembramos de coisas que estavam na "ponta da língua", estamos na rede de modo padrão.

A graça da rede de modo padrão é que várias áreas participam dela ao mesmo tempo, mais ou menos como em um chat da internet, em que neurônios distantes entre si têm seu momento para debater. Isso favorece que o pensamento associativo ocorra. Pelo contrário, quando estamos focados em resolver um problema concreto ou concentrados em uma tarefa, estamos utilizando uma parte do cérebro situada no córtex pré-frontal, que realiza o que é denominado de "funções executivas", como planejar, organizar, decidir ou prestar atenção, entre outras. E essa parte, como a esta altura do livro você já sabe, gasta muitos recursos cognitivos.

> Pensar de forma racional tem um alto custo para o cérebro. Quando relaxamos a mente, deixamos que a energia mental seja recarregada, e a atividade cerebral começa a vagar por outras áreas mais distantes entre si.

Isso permite que as coisas que fomos aprendendo sejam consolidadas, que novas associações entre pensamentos sejam criadas e, em muitos casos, que sejam geradas novas ideias.

Quando tentamos resolver um problema, a mente percorre várias e várias vezes os mesmos caminhos neurais que percorreu para resolver problemas similares.

> Se não encontramos a solução depois de um tempo, o pior que podemos fazer é continuar dando murro em ponta de faca; enquanto estivermos concentrados no problema, estaremos bloqueando a rede neural da qual precisamos para buscar e descobrir a solução. Quando relaxamos, deixamos de pressionar o cérebro, e o córtex pré-frontal tem mais liberdade para fazer novas conexões, o que propicia uma visão mais global.

Na sociedade atual, divagar ou se distrair "não é bem-visto", mas você já entendeu que essas ações têm um monte de benefícios, não apenas porque aumentam a criatividade e ajudam a solucionar problemas, mas também porque colaboram na regeneração do cérebro quando dormimos. É nesse momento que são limpas todas aquelas toxinas produzidas no cérebro.

Porém — sim, há um porém —, como tudo nessa vida, abusar desse modo mental pode implicar um grande problema, sobretudo quando sofremos de ansiedade ou depressão. Por quê? Pois bem, se tendemos a ter pensamentos negativos, aparentemente essa rede de modo padrão é reforçada e nos faz ter ideias ainda mais disfuncionais.

Um cérebro que divaga é um cérebro infeliz. Passamos 50% do tempo distraídos pensando em outras coisas em vez de nos concentrarmos naquilo que fazemos, e isso nos faz mais infelizes. De fato, constatou-se que um dos momentos em que estamos mais presentes é quando fazemos sexo. Mas, como eu ia dizendo, quando passamos muito tempo divagando, a conectividade da rede de modo padrão aumenta. Muitos estudos mostram que pessoas deprimidas ou que entram facilmente em ruminação apresentam uma alta conectividade em sua rede de modo padrão, o que torna difícil concentrar-se em uma tarefa externa.

Quero que você saiba de tudo isso para entender que a meditação reduz essa conectividade. Consequentemente, você não fica o dia inteiro submerso em seus *loops* mentais e, ao mesmo tempo, está mais presente e, portanto, mais feliz.

E, sim, outra vez preciso colocar um "porém...".

> O cérebro das pessoas felizes é aquele que se mantém em equilíbrio com tudo; nem no branco, nem no preto: no cinza.

Ficar constantemente em um estado de meditação, quero dizer, focado, prestando atenção às coisas, desgasta o cérebro. Por isso, é tão difícil fazer algo que normalmente não fazemos ou nos dedicar a estudar um assunto novo. Porque isso exige um esforço extra do cérebro. Quando passamos o dia inteiro fazendo um monte de coisas, tentando dar o máximo em tudo, podemos acabar com *burnout*, como dizem os estadunidenses. Se estamos sempre fazendo o córtex pré-frontal trabalhar, ativando essa rede executiva, realmente queimamos o cérebro, os neurônios morrem e gastamos recursos cognitivos.

Entretanto, vamos começar a dar soluções. Acredito que você já tenha entendido que o equilíbrio é a chave de tudo.

O que se recomenda é alternar entre os estados mentais: concentração e relaxamento. Por isso, é importante que, se estiver no trabalho ou estudando e passar muito tempo concentrado mentalmente, você faça vários intervalos durante o dia.

O PROFESSOR PUNK

Comandar uma empresa exige muito trabalho. Quando decide empreender, você é um sonhador iludido que acredita que tudo será criativo e maravilhoso; do contrário, não o faria.

Acho muito engraçado quando vejo na internet aqueles anúncios em que aparece um garoto ou uma garota falando em tom motivacional: "Ei! Você está tentando empreender? Quer ficar rico? Antes eu era um empregado de merda e agora sou um nômade digital que trabalha da praia enquanto tomo um drinque. A propósito, minha Ferrari está estacionada ali."

Fala sério... Quem cai nessa? Empreender não tem nada a ver com isso. Se fosse tão fácil assim, eu não venderia um curso, não é?

Empreender tem a ver com o trabalho duro, a constância, a resiliência, o esforço, a força de vontade e a organização espartana.

Se você lembra como era minha versão de quinze anos, vai se surpreender que alguém como eu seja capaz de comandar uma empresa e conseguir desempenhar todos esses trabalhos de maneira correta. Pois bem, eu devo tudo isso à ansiedade.

Sair da ansiedade, assim como montar uma empresa ou ir atrás de qualquer objetivo ao qual você se proponha, funciona pelos mesmos princípios. Ao longo do livro, fui contando pequenos fragmentos de minha história pessoal, os que considerei que mais poderiam ajudá-lo, e, de uma maneira ou de outra, você pôde ver como fui aplicando esses princípios em meu caminho de superação. Você viu como me organizei e pus em prática hábitos saudáveis, como trabalhei muito duro implementando ferramentas e como caí e voltei a me levantar.

Atualmente, aplico exatamente os mesmos princípios para conseguir ser produtivo e manter viva uma ideia na qual ninguém acreditava no começo.

Organizo meus objetivos em diagramas de Gantt. Essa é uma ferramenta maravilhosa para saber quanto tempo cada trabalho vai durar e de quanto envolvimento, horas e esforço vou precisar para realizá-lo. Em meus momentos de superação da ansiedade, eu não conhecia esses diagramas, só fui aprender a usá-los mais tarde, quando fiz parte de um projeto que deu errado, com investidores avarentos e pessoas pouco comprometidas, um abacaxi que demorei dois anos para terminar de pagar – sorte que meus pais me ajudaram. A questão é que o diagrama de Gantt é algo que não uso apenas para meu trabalho, mas que ensino em meus cursos para que os alunos alcancem seus objetivos. Uma maravilha. Você consegue encontrar muitos programas na internet para começar a fazer o primeiro.

Também tenho uma regra muito clara na hora de trabalhar: cinquenta minutos de trabalho e dez de desconexão. Tenho até um aplicativo no qual coloco todo o trabalho do dia, e ele vai me avisando quando é hora de descansar. Já experimentei fazer muitas coisas nesses dez minutos de descanso, é algo muito pessoal, mas, no fim, decidi que o melhor para mim é fazer ioga ou algumas flexões, talvez um pouco de cardio. Se estiver trabalhando em uma cafeteria, o que é muito provável – sou um "nômade digital" –, eu me levanto e faço alguns alongamentos discretos. Isso também pode servir em sua caminhada com a ansiedade; a cada período de trabalho, faça algumas respirações ou alguns movimentos de qigong, por exemplo. Eu me escondia nos banheiros para fazer meus exercícios; acho que meu colega de trabalho da época pensava que eu tinha algum problema na bexiga.

Há uma característica que fui integrando à minha personalidade ao longo dos anos, e isso graças à ansiedade. Já digo agora que a ansiedade o ajuda, e muito, a praticar a resiliência.

Essa é uma palavrinha que se usa muito ultimamente e diz respeito à capacidade de cair e se levantar, aprendendo com a queda e vendo o ato de ficar de pé não como um novo início, mas como mais um passo. Durante minhas paralisias e fisgadas no coração, eu usava as ferramentas e meus sintomas diminuíam, mas de repente acontecia algo em meu entorno e eles voltavam. Eu refletia sobre a situação e aplicava com tudo as ferramentas, até voltar a obter resultados.

Quando lancei o primeiro curso de *Bye bye ansiedad*, só uma dupla de pessoas se inscreveu, e tive que devolver o dinheiro; não dava para dar o curso só para dois. Agora abro grupos de quarenta pessoas e tem gente que fica de fora esperando a próxima edição. Outro dia, me encontrei com uma aluna, agora amiga, que participou de uma das primeiras edições. Ela me disse que se lembrava dessa época em que eu contava que devia três meses de aluguel porque o pouco que ganhava investia em meu projeto.

Quando escrevi meu primeiro livro, seis editoras o rejeitaram. Sempre que caio, penso "O que estou fazendo de errado?", "No que posso melhorar", e simplesmente sigo abrindo o caminho na mesma direção, fazendo as mudanças pertinentes.

A ansiedade é como um grande professor, talvez um pouco punk e com métodos meio arcaicos, mas um professor, no fim das contas. Se você parar para analisar um pouco, verá que esse guru utiliza tais métodos porque, quando não os usava, não lhe dávamos atenção. Então, um dia, ele começou a gritar.

Tudo o que acontece com meu cérebro quando medito

Primeiro, é importante distinguir os diferentes tipos de meditação. Aqui eu gostaria de falar essencialmente de três.

- A meditação orientada a um objeto: é quando tentamos focar a atenção em algo concreto, seja um mantra, uma vela ou, de forma mais habitual, a respiração;
- A meditação de monitoramento aberto ou "vipassana", que eu chamo de "tela de cinema" porque consiste em observar seus pensamentos, tomando consciência de cada um deles, sem tentar modificá-los;

- A meditação da autocompaixão ou *"kindfulness"*, que, para mim, é aquela em que você escuta alguém falando com você e com musiquinha de fundo supertranquila.

> O difícil, tanto no primeiro tipo de meditação como no segundo, é não ficar preso aos pensamentos e sensações que vão aparecendo, algo que, muitas vezes, nem mesmo nos damos conta de que acontece, sobretudo quando começamos a meditar.

Isso acontecia muito comigo. Eu colocava o alarme do celular para determinado horário para saber em que momento deveria acabar minha meditação e, só quando tocava, eu me dava conta de que estava imersa em um pensamento; não tinha consciência disso de maneira alguma. É incrível como o tempo acaba nos "pegando" mais rápido quando nos distraímos e notamos que estamos nos deixando levar por essa rede de modo padrão. Com muita prática, você passa a perceber como pensa ou como se sente não apenas quando medita, mas acaba passando essa destreza para o seu dia a dia.

E esse é o objetivo, adquirir um superpoder que não são muitos que têm. Você vai começar a se dar conta de quando quer estar em sua rede de modo padrão e quando quer estar em sua rede executiva. Ou seja, você controlará em que momentos quer permanecer divagando, pensando nas coisas, saltando de pensamento em pensamento, e quando quer dar atenção àquilo que está fazendo.

Vamos descrever como essa mudança ocorre no nível cerebral. Quando começamos a meditar e a focar a atenção, seja em um objeto ou na "tela mental", é ativada a rede atencional, situada no famoso córtex pré-frontal; para sermos exatos, o dorsolateral, que regula a atenção. Se estou prestando atenção à minha respiração, nesse momento estou presente, sentindo apenas minha respiração.

Depois de um tempo, minha mente começa a divagar e começam a aparecer pensamentos de maneira descontrolada. É quando são ativadas diferentes partes do cérebro que compõem a já conhecida rede de modo padrão. São ativadas, sobretudo, aquelas de conteúdo autobiográfico.

Você não começa a pensar de propósito nisso, mas surgem de maneira espontânea. Em um estudo, foi pedido a um grupo de meditadores que apertassem um interruptor toda vez que percebessem que estavam distraídos. Os mais iniciantes quase nunca percebiam e diziam que tinham estado bastante concentrados, mas os escâneres revelavam a mentira. Na realidade, eles não tinham consciência de que passavam a maior parte do tempo divagando. Os mais experientes, pelo contrário, acertavam mais em relação às vezes em que se distraíam.

É justamente nesse instante em que nos damos conta de que estamos divagando que a ínsula e o córtex cingulado anterior são ativados. A primeira é ativada quando pensamos em nós mesmos, é uma área envolvida na consciência de que somos nós aquele que está pensando. Devido a esse mecanismo, não conseguimos fazer cócegas em nós mesmos, porque essa parte do cérebro nos avisa que somos nós mesmos que estamos agindo. Por sua vez, o córtex cingulado anterior se comunica com partes do cérebro mais primitivas, como a amígdala, e também com as mais avançadas, como o córtex pré-frontal. Essa é uma das áreas que percebem as sensações do corpo, por isso há estudos que reforçam a importância de se mover para ativá-la antes da meditação. Poderíamos dizer que ela conecta partes inconscientes do cérebro, como as emoções e sensações, a outras mais conscientes. Graças a essas áreas, temos consciência de nosso estado mental. Depois, por último, é ativado o lóbulo parietal inferior, que nos faz lembrar do que estamos fazendo, a atenção é reorientada e voltamos à primeira fase da meditação, na qual a rede executiva é reativada. E então vamos repetindo esse ciclo várias vezes.

> Se você medita todos os dias, e faz isso durante bastante tempo, essas áreas do cérebro vão se ativando e, então, graças à neuroplasticidade, ocorrem mudanças não apenas funcionais, mas também anatômicas.

- O volume cortical do córtex cingulado anterior aumenta, o que está relacionado com pessoas que parecem ser mais felizes.
- A atividade da amígdala diminui, o córtex pré-frontal aumenta e sua conexão com o sistema límbico é incrementada. Como já

sabemos, isso contribui para que você perca menos o controle e processe melhor suas emoções, para que, em vez de reagir, possa responder diante de situações complicadas da maneira ideal. Desse modo, podemos sair do piloto automático que nos condena a repetir os mesmos padrões, muitos deles destrutivos, que nos fazem perpetuar o estado de ansiedade.
- E se você está pensando no hipocampo, a outra área que é alterada quando sofremos de ansiedade, saiba que também há estudos que revelam o aumento de sua substância cinzenta.

> Há uma infinidade de estudos por meio dos quais se observou que meditar ajuda a combater a ansiedade graças a essas mudanças neurais, embora ainda não se saiba comprovadamente como essas transformações são produzidas.

Por último, eu gostaria de comentar que a meditação também nos torna menos narcisistas, menos egocêntricos. Graças a ela, diminuímos conscientemente o tempo que passamos na rede de modo padrão e, por sua vez, é ativada a parte que falamos com nós mesmos. Consequentemente, diminuímos o peso que nos damos. Foi possível observar em meditadores experientes como outra parte envolvida no sentimento por si mesmo (o córtex cingulado posterior) diminui sua atividade, o que faz com que a rede de modo padrão fique menos centrada no "eu".

Isso me parece muito interessante, já que muitas pessoas que apresentam ansiedade tendem a cair no vitimismo e a ficar constantemente ensimesmadas.

> A maioria dos estudos revela que meditar incrementa o controle da atenção, a regulação das emoções e a capacidade de "se dar conta" (*self-awareness*).

TERCEIRA PARTE

Reinterpretando meu mundo

6

Não sei o que está acontecendo comigo

TODOS TEMOS ANSIEDADE

Sabia que há uma "graduação" de medicina tradicional chinesa? Eu também não sabia, até o dia em que me inscrevi para cursá-la: quatro anos de estudo mais um de especialização. Para uma pseudomedicina ou uma fraude, como dizem alguns, não é tão pouco o que nos fazem estudar.

Depois que terminei os estudos, nunca exerci. Eu me lembro do dia em que fiz a última prova; ao terminar, disse para minha professora:

— Passei cinco anos estudando isso e ainda não entendo praticamente nada.

— Não preocupa — ela me respondeu com sotaque chinês. Tenho a sorte de me relacionar com muita gente que vem da China e os entendo perfeitamente. — Noventa por cento clientes ansiedade, se não é, traz mim.

Então decidi me dedicar ao que há tanto tempo amargava minha vida. E, graças àquelas palavras, minha nova aventura empreendedora começou.

Aprendi muitas coisas nessa etapa de estudos, mas basicamente me dei conta de que o que mais me interessava era a relação entre saúde e filosofia oriental. Em uma das primeiras aulas, tive um aprendizado brutal sobre as emoções. Eu me dei conta de que não fazia ideia delas, de que tinha passado a vida evitando-as, buscando sistemas para não confrontá-las. Uma de minhas frases era "As emoções só nos fazem sofrer, é melhor basear-se na razão". Em parte, meu raciocínio era compreensível, pois eu relacionava emoções com ansiedade. A questão é que, naquele dia, um professor novo foi dar aula e falou sobre a teoria dos cinco elementos. Em resumo, essa história da antiga China diz assim:

Há cinco elementos que criam a vida neste mundo: a madeira, o fogo, a terra, o metal e a água. Eles se relacionam entre si e se controlam para que sua energia não transborde e para que tudo flua.

Esses cinco elementos, assim como criam a vida na Terra, conseguem fazer com que o corpo humano funcione. Assim, cada um deles se relaciona com diferentes órgãos do corpo. A madeira, por exemplo, com o fígado e a vesícula biliar. Dessa maneira, os órgãos do corpo também se dão energia e se controlam entre si. O professor nos contou que cada órgão e, consequentemente, cada elemento se relaciona com uma emoção. Foi nesse ponto que minha cabeça começou a pipocar. Por exemplo, o medo está relacionado aos rins e à bexiga. Segundo essa teoria, os problemas nas costas poderiam derivar de um susto impactante em determinado momento da vida ou de um medo prolongado no tempo. É evidente que essa teoria não foi comprovada por meio de um estudo científico. E não acredito que possa ser comprovada algum dia, o tempo mostrará. Mas entenda-a como eu fiz, no nível filosófico; nem tudo nesta vida pode ser quantificado.

Somos um todo, minhas emoções estão ligadas a meus sintomas. Meu estado de ânimo pode estar vinculado a meu estado de saúde.

Graças a essa teoria, comecei a conseguir expressar minhas emoções. De fato, isso se deve ao fato de ela estar relacionada ao qigong, pelo qual eu já estava apaixonado. Assim, eu podia fazer exercícios para a ira, para o medo ou para a preocupação. E podia expressar minhas emoções enquanto praticava. Talvez fosse algo totalmente subjetivo... possivelmente... certo, com certeza. Mas funcionou para mim. Agora já sabemos, pelo que Sara nos contou, o que acontece na realidade entre as emoções, o coração e o cérebro.

Dessa maneira, a partir dessa teoria, minhas emoções começaram a fluir, mas não pense que em abundância e descontroladamente, sem freio algum. Minha mulher ainda se queixa de que não expresso o que sinto. No entanto, comecei a separar emoção de sintoma e, de alguma maneira, toda vez que sentia uma fisgada, prestava atenção para ver se havia alguma emoção que eu precisasse colocar para fora. Descobri que a oralidade não é a única maneira de expressar uma emoção, há muitas outras. Para mim, funcionava praticar o qigong; em medicina chinesa, nos ensinavam a expressar as emoções por meio da acupuntura, e há muita gente que precisa dar socos em um saco de pancadas.

Naquele instante, me conectei com algo, desde aqueles fatídicos dezessete anos em que não praticava nenhum tipo de esporte.

Quando criança, não era um menino muito esportista; por influência de meu pai, pensava que o esporte era para os tolos, que o melhor que podia fazer era ler um bom livro. E era isso o que eu fazia, ler livros da série Os cinco, de Enid Blyton, da série Goosebumps, de R. L. Stine, e muitos quadrinhos de Mortadelo e Salaminho, de Ibáñez, ou Tintim, de Hergé, entre muitos outros.

Um dia, enquanto levava Senda, nossa cachorrinha, para passear, conheci Óscar, que estava passeando com um husky chamado Clinton, como o presidente dos Estados Unidos. Esse garoto e eu fizemos amizade, e um dia ele quebrou meus dentes com uma porrada, mas isso aconteceu anos depois.

O caso é que Óscar jogava basquete, esporte que não fedia nem cheirava para mim, mas, em uma tarde de sábado, ele me convidou para assistir a uma partida. Duas escolas de ensino fundamental estavam jogando na quadra de uma delas. Era um espaço muito grande onde eram disputadas várias partidas de diversos esportes. No fim, acabou que, em vez de assistir ao jogo de basquete, fiquei encantado, como se fosse um desses amores de verão à primeira vista, por um esporte que estava sendo disputado ao lado: hockey sobre patins.

Depois de poucos meses, eu estava jogando em uma equipe. Naquela época, eu tinha nove anos, muito acima da idade para começar a praticar um esporte desse tipo, então, nos primeiros anos, só treinava com garotos três ou quatro anos mais novos que eu. Acho que isso contribuiu para dois fatores de minha personalidade: por um lado, naquele momento, eu me sentia pouca coisa; por outro, demonstrei a mim mesmo que, se você vai atrás do que quer, você consegue. Não cheguei ao nível profissional porque me cansei ou porque a idiotice adquirida na adolescência me deu uma rasteira, mas estive perto de conseguir.

A questão é que, depois de minhas primeiras crises de ansiedade, deixei o esporte totalmente e, anos mais tarde, me reconectei com seus benefícios. Não preciso praticá-lo em alto nível, mas, para mim, para trabalhar as emoções, é ótimo praticar um pouco todos os dias. Com certeza Sara nos falará disso.

Com esse *flashback*, agora me dou conta de que o hockey servia para que eu colocasse para fora a ira como nenhuma outra prática conseguiu fazer. A educação emocional em minha casa era nula, nem meu pai, nem minha mãe são de expressar o que sentem. Ela ainda conta alguma coisa, ele é dos que, se não gosta do assunto, se levanta e vai embora. Ambos resolvem as coisas fácil assim: o que os olhos não veem, o coração não sente. Calçar os patins, deslizar pela pista com o taco e dar porradas naquela bola infernal me ajudava a desabafar. Eu adoro patinar, ainda hoje não há outra atividade que me desperte as mesmas emoções.

Em meus anos posteriores de estudo da ansiedade, aprendi muito mais sobre as emoções. Eu me lembro de um dia que, em uma aula de meditação, o professor nos demonstrou que éramos pessoas emocionais.

Como disse, eu não concordava nem um pouco com isso. Meu ponto de vista naquela época era: sim, as emoções existem, e sim, é possível que tenham alguma função, mas somos seres racionais acima de tudo. Hoje, continuo pensando que tudo está na cuca, senão, não escreveria este livro, mas já entendi que as emoções também afetam o cérebro, e o intestino..., afinal, há neurônios em todos os lugares. A questão é que, nas aulas de meditação, entre as sessões, debatíamos sobre temas distintos e, naquele dia, falamos sobre emoções. O professor me disse:

— Ferran, você sabe dizer "eu como"?

— Claro, eu como — respondi.

— Agora tente dizer isso com gestos — replicou o professor.

Coloquei uma mão sobre o peito para indicar minha pessoa e, em seguida, com os dedos fechados, fiz o clássico gesto de comer, aproximando a mão da boca.

— Está vendo como você é um ser emocional? — declarou o professor. — Quando disse "eu", você não tocou a cabeça, e sim levou a mão ao coração.

Indispensáveis

A palavra "emoção" vem do latim *emoveo;* de *ex*, "desde", e *moveo*: movimento em direção ao exterior. Podemos deduzir que as emoções nos ajudam a nos mover.

As emoções são indispensáveis. Assim como ao longo da evolução foram produzidas mutações ou mudanças físicas úteis para nos adaptarmos melhor ao mundo, também existe uma forma de ver as emoções da mesma maneira: pode ser que estejam presentes em nós hoje em dia por também terem uma utilidade evolutiva.

Desse ponto de vista, as "emoções" que consideramos negativas não aparecem para nos incomodar, mas têm sua utilidade. Pense de maneira objetiva; estamos evoluindo há milhões de anos e, se estamos aqui sentindo as emoções que sentimos, é por algum motivo: basicamente, elas nos impulsionaram a realizar ações que fizeram com que estejamos vivos como indivíduos e como espécie.

O medo nos protege, nos ajuda a enfrentar as adversidades e o perigo, nos prepara para lutar ou fugir, o que faz com que a probabilidade de sobrevivência aumente. Mas e sobre o resto das emoções? Quantas existem? Que papel desempenham?

Emoções primárias

Na animação *Divertida Mente*, o psicólogo Paul Ekman foi contratado para assessorar em tudo o que fosse relativo às emoções. Nesse filme, são mostradas aquelas que Ekman considerou as seis emoções básicas: alegria, tristeza, medo, nojo, ira e surpresa.

Depois de muito trabalho de pesquisa, percebeu-se que essas seis emoções não podem ser consideradas básicas em um sentido universal. Ou seja, elas não são reconhecidas de maneira inata por qualquer pessoa de qualquer parte do mundo, por exemplo, apenas ao olhar as feições do rosto de alguém que esteja à sua frente. Ainda não existe um consenso claro de quais são as emoções básicas e inatas de um ser humano, mas, em todas as propostas, sempre está presente um núcleo de quatro: medo, ira, tristeza e alegria.

Já falamos do medo, mas e a ira? É curioso, porque a ira ativa a mesma parte do cérebro que o medo: nossa querida amígdala.

> A ira faz com que sejam liberados dois hormônios de via rápida que também são liberados quando sentimos medo: a adrenalina e a noradrenalina. A pressão arterial sobe, o rosto fica vermelho e a temperatura das mãos aumenta.

Ira

A ira nos ajuda a lutar, a atacar, a agir, a despertar, a nos mover, mas também a nos defender, a impor limites; nos ajuda a dizer "não quero" ou "não vou por esse caminho". A ira sem a intervenção da razão pode ser perigosa, sobretudo no nível social, por isso tem uma fama tão ruim, mas, como veremos mais tarde, precisa apenas do córtex pré-frontal para ser controlada.

Tristeza

A tristeza nos ajuda a dar um basta naquilo que nos provoca sofrimento; nos coloca em movimento, nos dá força para produzir as mudanças necessárias para nos sentirmos melhor. Inclusive nos empurra para próximo do outro, de modo que possamos pedir ajuda se for necessário.

> Quando sentimos tristeza, são ativadas outras partes do cérebro, como o córtex pré-frontal medial ou o córtex cingulado anterior, no caso de pacientes com depressão. Aposto que você já não a vê mais como uma emoção negativa.

Alegria

A alegria é uma emoção contagiante e muito vinculada às relações interpessoais. Ela nos ajuda a criar laços com os outros e a formar uma rede social. Fazer parte dessa rede, estar integrado em um grupo, é muito importante para nossa sobrevivência, não apenas no nível individual, mas também para a manutenção da espécie. Aqui, eu incluiria o amor, que nos ajuda a encontrar parceiros com os quais possamos reproduzir e proteger nossa descendência para que esta possa crescer forte e saudável. Quando rimos ou sentimos amor, outras partes do cérebro são ativadas, como a ínsula ou o córtex cingulado, que nos ajudam a tomar consciência daquilo que está acontecendo, nos fazem viver de maneira mais presente. Quando sentimos alegria ou amor, é liberado um neurotransmissor característico do qual falaremos mais detalhadamente quando abordarmos a neurociência da felicidade.

> Quando olhamos a foto de uma pessoa amada, a amígdala fica menos ativa. Talvez seja por isso que dizem que o amor é o melhor antídoto contra o medo!

Surpresa

A surpresa ou o assombro é uma emoção que eu adoro estudar. Talvez porque, na ioga, se fala de um tipo de atitude que devemos ter para prestar atenção plena a tudo o que fazemos; é a atitude de mente de principiante. Ter a curiosidade de uma criança nos permite observar, valorizar, fascinar-nos por todos os pequenos detalhes dos quais a vida é feita. Se você tiver essa atitude de assombro, de surpresa, verá que ganhará em presença. E isso o favorece se você tem ansiedade, já que esta, como veremos mais tarde, é um medo do futuro; sua mente não está no presente, mas, sim, concentrada no que possa ocorrer.

A surpresa nos ajuda no processo de aprendizagem, já que nos faz focar a atenção naquilo que nos produz interesse e facilita a permanência da informação na memória. Além disso, ela está associada a picos de dopamina, que nos ajudam a memorizar melhor o novo evento para considerá-lo da próxima vez, seja para o bem ou para o mal.

Nojo

Sentimos nojo de alimentos estragados, de infecções ou de animais que possam provocá-las (carrapatos, piolhos, vermes, moscas...), de assuntos escatológicos que possam afetar a higiene... É fácil concluir que o nojo serviu para evitar que ficássemos doentes, para termos consciência daquilo que pode nos causar dano físico. A parte ativada quando sentimos nojo também é a ínsula. Como você vê, uma mesma parte do cérebro pode estar envolvida em múltiplas funções; de fato, a ínsula é complexa nesse sentido, já que está metida em muitíssimas "confusões".

* * *

Segundo António Damásio, essas emoções primárias se dão para que ocorra um processo chamado homeostase. Isso quer dizer que, quando recebemos um estímulo (seja interior ou exterior), nosso estado de "bem-estar corporal" fica descompensado e as emoções ajudam a voltar a recuperar esse equilíbrio, a estar novamente em homeostase. Praticamente tudo o que sabemos sobre as emoções de uma perspectiva neurocientífica vem dos grandes trabalhos desse autor. Se você gosta desse tema, recomendo que leia qualquer um de seus livros.

Evitar essas emoções primárias é algo quase impossível, embora muitos tentem fazer isso com estímulos externos ou substâncias que os levam a nocaute. O que podemos fazer é gerenciá-las, passando-as pelo córtex pré-frontal, pela razão, e convertendo-as em sentimentos. Uma criança, por exemplo, só se emociona, não "sente", não faz o processo de refletir, de tomar consciência da emoção, devido ao fato de que seu córtex pré-frontal ainda não está desenvolvido. Por isso, tudo passa rápido para uma criança, porque as emoções se desvanecem rapidamente, enquanto os sentimentos podem persistir dentro de nós durante muito mais tempo.

Emoções secundárias

Existem também as emoções secundárias. A primeira pessoa a falar delas também foi António Damásio. Segundo ele, essas são uma combinação das primárias que surgem quando nos desenvolvemos como adultos, ao entrarmos em contato com a sociedade.

> A vergonha, a culpa, a ansiedade, o orgulho, a decepção e o ciúme são emoções secundárias.

Na opinião de Damásio, se partes do cérebro como a amígdala são prejudicadas, a capacidade de sentir qualquer emoção é afetada. Por outro lado, se as lesões ocorrem no córtex pré-frontal, como no caso de nosso amigo Phineas Gage (o homem que teve a cabeça atravessada por uma barra de ferro, acho que você se lembra), a elaboração das emoções secundárias é comprometida. A pessoa em questão sentirá emoções, mas não saberá controlá-las, nem como se autorregular emocionalmente ou gerenciá-las socialmente.

Tanto as emoções básicas como essas mais complexas surgem de maneira inconsciente.

> Enquanto as emoções primárias são inatas, universais, as emoções secundárias são aprendidas pelo fato de vivermos em sociedade, pela cultura e pela educação que recebemos. Ambas, ao serem processadas pela razão, geram sentimentos.

A ansiedade é uma emoção, não uma dor no peito

A ansiedade é uma emoção secundária e, como tal, foi "selecionada" em nível evolutivo porque tem uma vantagem adaptativa: se antepõem ao que possa acontecer a você no futuro, faz previsões; sua resposta condicionada pelo medo faz com que você tome umas decisões ou outras que possam "salvar sua vida". A ansiedade, na medida certa, é adaptativa. O problema é quando vivemos em estado de ansiedade constante, com nossa mente centrada em tudo de horrível que possa acontecer; é nesse momento que se torna crônica e ocasiona transtornos de ansiedade.

Que umas e não outras emoções secundárias nos afetem dependerá do que aprendemos durante a vida, de como interpretamos o mundo. E isso nos leva a ver que a ansiedade é algo condicionado pela maneira de pensar, pelas crenças, pelas experiências vividas, pela forma como percebemos a vida. Como sempre diz Ferran: "Não temos ansiedade devido ao que acontece com a gente, e sim pela maneira como interpretamos aquilo que acontece." Ou: "O medo é inevitável, a ansiedade é opcional."

OI, SOU SUA EMOÇÃO

Com minha prática do qigong emocional, comecei a ver, sempre com base em minha experiência pessoal, que as emoções estão relacionadas a um sintoma. Assim, passei a acreditar que só conseguia sentir medo se ele viesse acompanhado de uma fisgada; se não, não podia ser considerado medo.

A teoria fazia todo o sentido na minha cabeça; "então com o amor acontece a mesma coisa", eu pensava. Quando você se apaixona, perde a fome, não dorme, fica entre a melancolia e a felicidade, ou seja, isso também vem acompanhado de sintomas. Por outro lado, quando não sentia nenhuma fisgada, estava em paz e, consequentemente, não havia emoção alguma pululando em meu coração.

Essa teoria foi desmontada no dia em que comecei a estudar sobre a felicidade. Isso aconteceu na casa dos meus pais, onde há um sótão enorme, no qual são guardadas todas as coisas que minha mãe acha necessário conservar. Ao colocar uma escada e fuçar aquele buraco negro, encontrei minhas anotações de filosofia. Não me lembro se contei que fiz o ensino médio com foco em humanidades, pelo menos assim era chamado na época; humanas, para que você entenda. Estudei desde latim e grego, passando por história, literatura e filosofia. Eu me arrependo um pouco de não ter tirado mais proveito desses estudos, mas, bem, eu era muito jovem.

A questão é que, em umas velhas anotações cheias de desenhos meus nas margens, encontrei um resumo sobre o conceito de felicidade na história da filosofia. Fiquei impactado. Como que, naquela época, eu não tinha dado a mínima atenção a tudo isso?

O primeiro nome a aparecer sublinhado naquelas páginas foi o de Pirro, um filósofo grego que dizia que a felicidade era a suspensão do juízo sobre as coisas. Ele estabeleceu o conceito de adiaforia, que significa "indiferença pelas coisas". Acredito que o nome dessa teoria (ceticismo) resume bem esse conceito e, de alguma maneira, está muito de acordo com minha maneira de ver o mundo. Nada é tão importante. Então comecei a aplicar esse conceito: se queria ser feliz, a ideia era deixar de julgar. A filosofia nos faz pensar, mas precisei de ferramentas básicas para aplicar isso; a meditação budista e a PNL me ajudaram a conseguir.

Nessas mesmas anotações, me reencontrei também com o estoicismo, uma corrente que nunca me abandonou. Os filósofos estoicos diziam que a felicidade tinha a ver com a moral, com a virtude. Uma postura correta, como a honestidade, a moderação, a força e a autodisciplina, seria perfeita para conquistar a felicidade. Também coloquei as mãos na massa e comecei a trabalhar com isso. Eu me propus a nunca mais mentir e posso assegurar que sempre cumpro; isso me aproxima muito da felicidade, sem dúvida. A moderação também se tornou algo muito importante; eu já a conhecia por meio do taoísmo e pela teoria do yin e yang, mas comecei a aplicá-la de maneira prática graças a Epíteto. Eu não comia nem muito, nem pouco; também não dormia muito nem ficava com sono. O equilíbrio nos aproxima da felicidade, não há dúvida, convido-lhe a experimentar.

Graças a essas anotações, comecei a ler cada vez mais e mais filosofia, não apenas os textos que falavam sobre a felicidade, mas também outros que versavam sobre temas variados. A verdade é que eu gostava muito de filosofia; essa é uma área que eu gostaria de estudar depois de me aposentar, para ver se assim aprendo alguma coisa. Mas não percamos o foco; graças à leitura e à formação que ela me proporcionou, acabei concluindo que os sintomas e a emoção não tinham por que estar relacionados. Com relação às emoções, os estoicos defendiam que elas não serviam para nada e o que comandava era a razão; Platão e Aristóteles falam de sua funcionalidade. O segundo, que eu adoro, relaciona o prazer com um hábito ou desejo natural e diz que tudo aquilo que nos distancia dele nos provoca dor. Isso faz muito sentido para mim. Mas a conclusão é que, desde os primórdios da humanidade, se tenta definir o que são as emoções, quais são boas e quais são más, se estão ou não relacionadas a avisos corporais, e todo tipo de questão. Podemos continuar debatendo filosoficamente, isso nos preenche como seres humanos. E esperemos que os avanços da ciência nos ajudem a quantificar parte dessas teorias para chegarmos a conclusões claras. Vamos ver o que Sara tem a nos dizer sobre o assunto.

Emoção, corpo e mente

O filósofo e psicólogo William James foi um dos primeiros a falar sobre as emoções. Para ele, elas precisam do corpo, não são nada além das sensações corporais que experimentamos ao percebermos algum evento. Isso é justamente o que nos dizia Ferran, embora, em breve, eu vá refutar essa teoria. Segundo ele, uma pessoa não sentiria medo se não notasse as palpitações, a respiração entrecortada ou a tensão dos músculos. Isso poderia nos levar a elaborar perguntas como: se não percebo nenhum sintoma físico, não sinto a emoção? Se, por exemplo, tomo um remédio e os sintomas desaparecem, deixo de sentir ansiedade? Estarei completamente livre da ansiedade quando deixar de notar as alterações fisiológicas produzidas em meu corpo?

Bem, sinto dizer que não.

> Muitos cientistas se posicionaram contra a teoria de William James porque ela desconsidera esse valor ou avaliação cognitiva que realizamos quando sentimos as mudanças físicas no corpo.

Um dos experimentos que descartou sua teoria foi o descrito a seguir. Você já sabe que o nervo vago é o que permite que nos demos conta de tudo aquilo que acontece dentro do corpo, aquele que nos ajuda a perceber as mensagens dos órgãos (interocepção). Pois bem, Charles Scott Sherrington demonstrou que, quando o nervo vago de camundongos era cortado, os animais expressavam emoções do mesmo jeito, o que significa que, sem perceber as mudanças físicas, alguém também pode sentir emoções. O que posso assegurar é que o surgimento de sintomas faz com que a intensidade da emoção aumente. Pelo menos, foi isso que se constatou em alguns estudos muito interessantes nos quais adrenalina era injetada nos pacientes. Vamos explicá-los agora.

Gregorio Marañón foi um dos primeiros a fazer esse tipo de estudo, e o que constatou foi que, embora os pacientes experimentassem mudanças fisiológicas após receberem um pico de adrenalina, declaravam que não sentiam nenhuma emoção, não experimentavam nem o medo, nem a euforia que a adrenalina poderia causar. Entretanto, quando era pedido que eles pensassem em experiências passadas intensas, a adrenalina no corpo fazia com que a emoção fosse potencializada de forma notável. Então, a presença da neuroquímica desencadeada no corpo quando sentimos ansiedade pode potencializar essa emoção.

Isso me leva a pensar que, por isso, é importante não ingerir cafeína ou bebidas estimulantes; se estas incrementam as reações físicas, podem fazer com que, ao notarmos algum sintoma, a intensidade da ansiedade aumente.

> Saber que posso controlar os sintomas com a respiração ou com qualquer outra ferramenta fará com que a intensidade da emoção diminua.

A pesquisadora Magda Arnold realizou outro estudo parecido que também vale a pena comentar. Ela injetou adrenalina em três grupos distintos. O primeiro foi composto de pessoas que não sabiam o que seria injetado nelas; o segundo foi enganado, pois seus componentes pensavam que seria injetada outra coisa; ao último grupo foi dita a verdade, que a adrenalina seria injetada, e foram explicados todos os efeitos que seriam produzidos no sistema nervoso. Além de tudo isso, havia um ator na sala, uma pessoa que fingia diferentes reações emocionais: às vezes se mostrava eufórico, às vezes o mais raivoso. E o que foi observado? Que as pessoas do grupo que conhecia todos os efeitos da adrenalina foram as únicas que não reagiram diante das emoções fingidas do ator. O resto se deixou levar por sua reação, mimetizando a emoção que o ator expressava. O que a pesquisadora concluiu foi que os sujeitos podem sentir emoções diferentes diante das mesmas reações corporais dependendo da interpretação que façam delas. Ou seja, quando o ator fazia parecer que estava superfeliz, todos relacionavam as sensações físicas desencadeadas pela adrenalina a estados de felicidade. Quando o ator transmitia sua ira, todos associavam as reações físicas da adrenalina à ira.

> Você pode estar sentindo uma aceleração do ritmo cardíaco, um aumento da pressão arterial e do tono muscular, e associar isso a distintas emoções dependendo do que estiver percebendo do mundo nesse momento.

Com uma visão sobre as "emoções" totalmente diferente da versão clássica de Damásio, a neurocientista Lisa Feldman Barrett diz em seu livro *How Emotions Are Made: The Secret Life of the Brain* [Como as emoções são construídas: a vida secreta do cérebro]:

> Essas sensações puramente físicas do interior do corpo têm um significado psicológico objetivo. No entanto, quando nossos conceitos entram em jogo, essas sensações podem adquirir um significado adicional. Se sentimos uma sensação de mal-estar no estômago ao nos sentarmos à mesa, podemos experimentá-la como fome. Se está na época da temporada de gripe, podemos experimentá-la como náusea. Se somos um juiz de um tribunal, podemos experimentar o mal-estar como pressentimento de que o acusado não é confiável. Em determinado momento, em determinado contexto, o cérebro usa conceitos para dar significado a sensações internas e sensações externas do mundo, todas ao mesmo tempo. A partir de um mal-estar estomacal, o cérebro constrói um caso de fome, de náusea ou de desconfiança.

> Se déssemos menos importância aos sintomas físicos da ansiedade, se os desvinculássemos do medo, talvez pudéssemos percebê-los de maneira diferente. É curioso, não acha?

Eu ainda tiraria outra conclusão desse experimento. O conhecimento faz com que o medo diminua, diminuindo também a ansiedade.

Marie Curie disse: "Nada na vida deve ser temido, somente compreendido. Agora é hora de compreender mais para temer menos."

Emoção versus razão

Às vezes, vemos as emoções como algo ruim que interfere na razão, nos desvia, nos faz cometer idiotices. As emoções tiveram uma reputação muito ruim durante anos, mas agora sabemos que essa crítica não faz sentido, pois elas nascem na mente e não estão desconectadas completamente da razão. Além disso, já vimos como são úteis no dia a dia. Há pouco tempo, assisti a David Broncano dizer, em seu programa *La Resistencia,* que, para ele, as emoções não serviam para nada. Ele falou brincando, espero, porque você já sabe que podemos desmentir isso cientificamente.

Joseph E. LeDoux, outro colega muito famoso, foi o primeiro a ver que a amígdala é ativada quando sentimos medo, embora há pouco tempo tenha escrito um artigo enfatizando que não se deve dar tanta importância a essa área do cérebro como se ela fosse a única causa do medo. Como ele bem disse, a amígdala participa nesse processo, mas também há outras partes envolvidas no "circuito do medo"; digamos que a amígdala seria seu epicentro, mas não o todo.

Uma grande contribuição de LeDoux foi a descoberta de que "primeiro, somos emocionais; depois, racionais": a amígdala responde a estímulos externos milissegundos antes do córtex pré-frontal. Ambos estão interconectados, mas as conexões são muito mais rápidas e fortes da amígdala para o córtex do que ao contrário.

Segundo Daniel Kahneman, existem dois tipos de pensamento, o rápido e o lento. Poderíamos dizer que o primeiro é aquele produzido quando a amígdala "sequestra" o córtex pré-frontal, e, nesse caso, somos mais impulsivos; quando acontece o contrário, ocorre a via lenta, em que a razão é capaz de gerenciar a emoção, de modo que, para agir, podemos refletir sobre o que sentimos. Isso tem um sentido: o de reagir rápido, algo muito conveniente, sobretudo se estamos em perigo.

> "Uma emoção é um padrão de conduta inconsciente que ocorre sem que você o planeje. Você não tem controle sobre o surgimento de uma emoção, mas sim sobre seu posterior gerenciamento. As emoções surgem na amígdala, e sua função é facilitar respostas rápidas e automatizadas diante de uma situação diferente (como uma ameaça ou um estímulo perigoso). Todas as emoções são indispensáveis evolutivamente, por isso fazem parte da zona mais primitiva de seu cérebro. Não são nem boas, nem más, são indispensáveis e necessárias para sua sobrevivência."
>
> DAVID BUENO I TORRENS

Por exemplo, eu posso sentir uma ira incontrolável dentro de mim, mas, quando essa emoção passa pelo córtex pré-frontal, tomo consciência dela e me acalmo. Imagine que você tenha se irritado com seu parceiro ou parceira por algo que ele ou ela disse ou fez. Então você sente essa raiva que aparece sabe-se lá de onde, e o seu desejo é gritar ou ir embora batendo a porta. Entretanto, momentaneamente, você consegue respirar por um segundo e dar tempo suficiente para que seu cérebro passe toda a atividade da amígdala até o córtex pré-frontal. Uma vez que isso acontece, você é capaz de racionalizar essa emoção e transformá-la em um sentimento mais funcional ou inclusive fazer com que ela desapareça. Você pode tomar consciência e saber como gerenciá-la.

O mesmo acontece com os medos. Imagine que você tenha fobia de voar ou dirigir. Você pega um avião e começa a sentir medo. O que aconteceu? A amígdala disparou e fez com que o medo fosse liberado no corpo em forma de adrenalina, noradrenalina e talvez cortisol (se o temor for muito intenso e prolongado e exigir mais de sua energia). Nessa situação, você pode colapsar ou pode respirar por um segundo e gerenciar tudo a partir do córtex pré-frontal. Você pode dizer para si que, estatisticamente, o avião é mais seguro que o carro, que a comissária de bordo pega o avião todos os dias de sua vida e continua viva... E é possível que, pouco a pouco, esse medo intenso que lhe provoca ansiedade se transforme em um sentimento de "preocupação" com o qual você consegue lidar.

> Quando a emoção se apodera de nós e a amígdala assume o controle, tendemos a reagir, mas se tudo passa pelo córtex pré-frontal, temos a oportunidade de ser conscientes (ou autoconscientes) e responder diante dessa situação, diante dessa emoção inicial.

Quando alguém sofre de ansiedade, quase sempre utiliza a via rápida de pensamento, se torna reativo e perde a capacidade de reflexão; é mais impulsivo, se deixa levar pelas emoções sem racionalizá-las. É difícil para uma pessoa impulsiva gerenciar suas emoções e, portanto, lidar com o estresse ou a ansiedade.

No geral, as pessoas impulsivas talvez o sejam por causa da genética. Existe uma predisposição inata de 40% a 50% de herdabilidade dessa característica, mas isso não deve lhe servir de desculpa; é possível melhorar, já demonstramos isso.

Por sorte, estudos indicam que as pessoas que se permitem racionalizar suas emoções têm a conexão entre a amígdala e o córtex pré-frontal reforçada. Meditar ou escrever, por exemplo, ajuda muitíssimo a reforçar a via lenta e tirar a amígdala de seu trono. Quando nos obrigamos a pôr em palavras aquilo que sentimos, de alguma maneira, forçamos a racionalização da emoção, pois nos damos conta do que estamos sentindo.

7

O que, como, quando e por quê

O MUNDO SEGUNDO JEFF GOLDBLUM

Há alguns dias, minha esposa e eu vimos um documentário apresentado por Jeff Goldblum, um ótimo pianista de jazz e famoso ator de Hollywood que interpretou o matemático de *Jurassic Park*. Eu adorava seus discos e, por isso, decidi assistir à série do National Geographic com o mesmo título desta seção.

O documentário trata de várias curiosidades, desde como uma bicicleta é fabricada até um passeio pelo mundo das tatuagens ou do churrasco. Coisas muito mundanas, é verdade, mas a série é boa porque brinca com o fator "Você sabia?", que nada mais é do que aquilo que nos dizem quando nos mostram alguma curiosidade; nessa série documental, isso é feito com a graça inata do sr. Goldblum.

Depois de assistir à série, tive um ataque de nostalgia e comecei a procurar algumas produções da época da minha infância que tinham a ver com esse título. Eu me lembrei de *Quanto mais idiota melhor*, uma comédia descabelada dos anos 1990. Também me veio à mente a série *O mundo é dos jovens*, que acompanha a vida de um garoto enquanto ele cresce e lida com seus problemas na escola, com a família e com o amor. Buscando no Google, encontrei mais uma que eu assistia quando era pequeno, *Malcolm*, outra comédia disparatada sobre as dificuldades de não ser nem o irmão mais velho, nem o caçula.

Tudo isso me fez pensar sobre como eu interpretava o mundo e sobre as diferentes fases de minha vida, sobre como eu tinha mudado desde que brincava com as Tartarugas Ninja e o He-Man (para os que não são da minha geração, isso parecerá grego, mas eram os brinquedos da moda na minha infância), e sobre como minha vida tinha se transformado desde a adolescência até meus quase quarenta anos atuais.

Tudo de bom e de ruim que me aconteceu nesta vida tem a ver com a maneira como interpretei cada momento. Explico: guardo uma lembrança muito feliz de quando brincava com minhas tartarugas de plástico e, por isso, elas pareciam superlegais em comparação com os brinquedos com que meus filhos se divertem agora. Mas acontece que, há pouco tempo, em um mercadinho de rua, quis o acaso que eu encontrasse essas tartarugas à venda, e, trinta anos depois, voltei a tê-las nas mãos. Quase não se mexem e são muito mal feitas. Minha percepção daquela realidade mudou em um segundo: de "os melhores brinquedos da história" para "como eu podia brincar com isso?".

O que aconteceu nesse pequeno relato me serviu para refletir sobre meu passado ansioso e tudo o que eu tinha aprendido em meu caminho em relação à interpretação da realidade. Sempre digo que não temos ansiedade devido àquilo que nos acontece, mas por conta da maneira como interpretamos o que nos acontece. E é assim mesmo. As Tartarugas Ninja eram o máximo para mim porque estavam relacionadas a uma emoção positiva e à lembrança de um menino que interpretava a realidade dessa forma.

Meu mundo, tal como o interpretava o Ferran de vinte anos atrás, era perigoso, feroz, difícil, cansativo e difícil de levar.

Nesse momento, o vejo amável, precioso, difícil mas gratificante, fácil de levar e uma oportunidade constante de crescer.

Sei que você deve estar perguntando como se muda de um pensamento para o outro. Usei muitas técnicas para isso, desde a meditação até a PNL, mas vou contar o segredo da felicidade: pare e pense.

Simples assim, não se deixe levar pela primeira coisa que passar pela sua cabeça; quando precisar agir, pare e pense se essa é a melhor maneira, se você precisa de mais informações sobre o assunto, se necessita de conselho ou simplesmente refletir no travesseiro.

Não responda nada na hora, a melhor resposta que você pode dar a alguém é: amanhã lhe digo algo, preciso refletir.

Como percebemos a realidade

Os circuitos da emoção e a cognição são interdependentes. Não podemos tratar a tomada de decisões como um fenômeno puramente racional.

> O estado emocional impregna todos os processos cognitivos, seja a tomada de decisões, a memória, a atenção, a linguagem, a resolução de problemas, o planejamento...

De fato, veremos que prestar atenção e perceber a informação são os primeiros passos que damos para tomar decisões.

A atenção se origina no tronco encefálico, no sistema ativador reticular ascendente. Ela ativa aqueles núcleos do cérebro que, depois, distribuirão a informação do que estamos fazendo a praticamente todo o córtex cerebral.

Recebemos estímulos tanto do exterior, por meio dos sentidos (20%), como do interior, por meio dos pensamentos ou das sensações corporais provenientes de nossos órgãos (80%). Imagine que você esteja lendo um livro de terror com uma xícara de chá ao lado. As letras que você vê são percebidas pelos olhos a partir de ondas eletromagnéticas. O que você cheira pelo nariz provém de partículas químicas que flutuam no ar. Você toca a xícara ou o livro, os quais percebe por meio de uma mudança de pressão na pele das mãos. No fim, toda essa informação que nos chega pelos receptores sensoriais se converte em eletricidade dentro do cérebro, que é transmitida pelos nervos correspondentes até chegar ao tálamo.[1] Este decide quanta de toda essa informação será filtrada, qual é realmente relevante e distribui a informação resultante pelas diferentes e pertinentes partes do cérebro.

---

[1] Uma curiosidade: o olfato não passa pelo tálamo. Nada filtra o que cheiramos. Por isso se diz que esse é o sentido mais primitivo e que nos conecta com o que há de mais instintivo em nós mesmos. (N. da T.)

> Poderíamos dizer que o tálamo é a porta de entrada do cérebro e funciona como uma central telefônica.

A informação recebida e filtrada pelo tálamo segue dois caminhos. No primeiro, o tálamo passa a informação para a amígdala, que contribui com o conteúdo emocional, e para o hipocampo, que, como você já sabe, é o seu "baú das lembranças". A amígdala mandará uma mensagem para o hipotálamo, que está situado abaixo do tálamo e será encarregado de fazer o corpo reagir. A atividade neural do hipotálamo regula funções corporais como a fome, a sede, a temperatura corporal e o sexo, e leva o corpo à homeostase. Tudo isso acontece em questão de uns setenta milissegundos.

A mesma informação é enviada também por um segundo caminho, que vai do tálamo ao córtex cingulado anterior, o qual transformará o inconsciente em consciente e transmitirá a informação resultante aos córtices cerebrais correspondentes, entre eles o pré-frontal. Nesse momento, poderei ser consciente de estar lendo com minha xícara de chá. Tomo essa consciência 180 milissegundos depois que a informação é processada pela amígdala.

PERCURSO DA INFORMAÇÃO

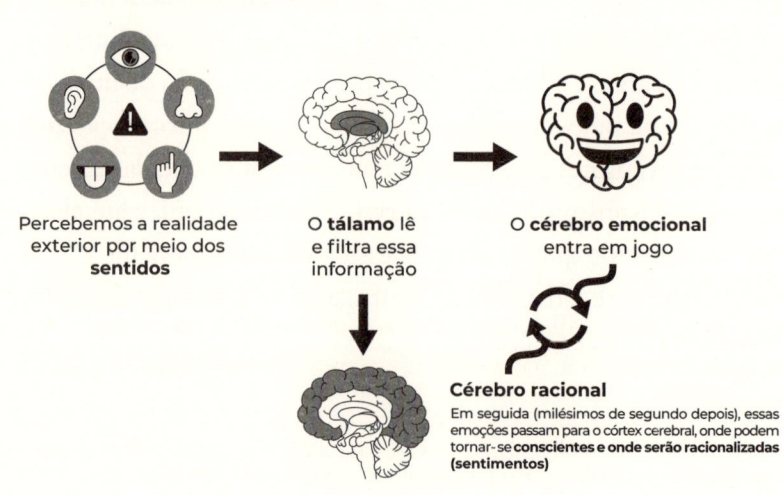

Percebemos a realidade exterior por meio dos **sentidos**

O **tálamo** lê e filtra essa informação

O **cérebro emocional** entra em jogo

Cérebro racional
Em seguida (milésimos de segundo depois), essas emoções passam para o córtex cerebral, onde podem tornar-se **conscientes e onde serão racionalizadas** (sentimentos)

> A realidade que você percebe não é um reflexo direto do mundo exterior objetivo; o cérebro filtra a informação que recebe e a processa considerando como você se sente, suas experiências passadas e suas crenças, tornando-a consciente "à sua maneira" depois.

Sabe o que isso quer dizer? Que a realidade que você vê é subjetiva; o fato de a informação passar primeiro pelo sistema límbico (amígdala e hipocampo) significa que você a verá filtrada segundo a "bagagem de vida" que carrega. Exploraremos mais esse assunto adiante, quando falarmos das crenças e dos vieses cognitivos.

> "Não vemos as coisas como elas são, mas como nós somos."
> ANAÏS NIN

Tomada de decisões

A tomada de decisões é um processo muito complexo. Vimos que as emoções ajudam no raciocínio. Segundo Damásio, o propósito de racionalizar é decidir; fazemos isso primeiro emocionalmente e, depois, racionalmente.

> A emoção refletida no corpo será aquela que nos ajude a tomar decisões de maneira rápida quando for necessário.

O córtex pré-frontal, especificamente o orbitofrontal, participará da tomada de decisão final, simulando suas consequências futuras. Damásio nos fala de sua famosa "hipótese do marcador somático". Segundo ele, as sensações do corpo são as emoções que guiam a tomada de decisões. Quando percebemos algo, todas as mudanças corporais, como o aumento da temperatura da pele, a dor de barriga, as palpitações, a pressão no peito… são "palpites", "intuições" que nos ajudarão a saber melhor o que decidir. De acordo com sua hipótese, conhecer o que o corpo nos diz, o que está nos mostrando, nos ajuda a decidir de maneira mais rápida, reduzindo a gama de opções e produzindo um "viés" em sua decisão.

Esse mesmo cientista realizou experimentos em que os sujeitos jogavam um jogo chamado "Iowa", e os resultados se inclinam muito em favor de sua hipótese.

Quatro baralhos de cartas externamente idênticos (A, B, C e D) foram divididos entre os participantes. O jogo consistia no seguinte, conforme ele explicou: cada vez que escolherem uma carta, os jogadores ganharão ou perderão um pouco de dinheiro. A meta é ganhar o máximo de dinheiro possível. A e B são "baralhos ruins", e C e D são "baralhos bons", ou seja, os baralhos A e B levavam a perdas de longo prazo, e os baralhos C e D levavam a ganhos. A graça do experimento é que os participantes não sabiam disso. O que interessava à equipe do doutor Damásio era medir a resposta galvânica da pele dos participantes. Assim, eles saberiam a resposta corporal por meio da perspiração e do sistema nervoso.

Constatou-se que os participantes levantavam em média umas oitenta cartas até descobrir qual era o baralho ganhador; mas o corpo já sabia disso depois de ter levantado dez cartas.

> O corpo nos adverte, nos manda mensagens. Escutemos!

De fato, a ansiedade não deixa de ser outra emoção acompanhada de uma reação corporal que possivelmente está avisando para que você mude e tome decisões diferentes das atuais. Na minha opinião, o corpo está gritando desesperadamente para que você faça mudanças em sua vida porque as coisas, tanto por dentro como por fora, não vão bem.

No entanto, meu estudo preferido sobre a tomada de decisões é um que afirma o seguinte: sete segundos antes de decidirmos alguma coisa, o cérebro já fez isso por conta própria sem que percebêssemos, de maneira inconsciente.

Catorze pessoas se submeteram a testes de ressonância com um escâner (fRMI) para que fosse estudada a antecipação do cérebro às decisões conscientes. Foi pedido a um dos grupos que relaxasse e observasse uma série de letras que apareciam em uma tela à velocidade de uma a cada meio segundo. Os participantes podiam apertar um dos possíveis botões com os dedos indicadores esquerdo e direito quando sentissem necessidade. Nesse momento, eles tinham que se lembrar da letra que estava aparecendo na tela. Depois de apertar o botão, visualizavam outra tela com quatro letras, entre as quais estavam as últimas que haviam aparecido. Nesse momento, eles comunicavam a letra que tinham visto. Os resultados foram bastante impressionantes porque, sete segundos antes de o sujeito sentir que tinha tomado a decisão, começavam a funcionar áreas do cérebro correspondentes ao hemisfério no qual se tinha decidido mexer o dedo.

Cérebro ansioso versus cérebro adolescente

Lembre-se de que o córtex cerebral recebe, além da informação direta do tálamo, outra já processada emocionalmente pela amígdala. O córtex e a amígdala estão interconectados, como já vimos no capítulo anterior.

> Esta conexão influencia a tomada de decisões: a interação entre razão e emoção.

Pessoas com histórico violento que podem ser consideradas impulsivas mostram uma menor atividade no córtex pré-frontal.

> O mesmo acontece com pessoas que sofrem de muito estresse ou ansiedade, elas se tornam mais impulsivas (o que não significa violentas).

Isso faz com que as decisões tomadas sejam menos racionais, com que seja mais difícil frear condutas como comer ou comprar compulsivamente e com que a pessoa reaja de maneira muito visceral ou emotiva em situações de tensão.

Um adolescente mostra uma grande atividade no sistema de recompensa em comparação a uma criança; no entanto, seu córtex pré-frontal não está totalmente maduro. Isso faz com que um adolescente seja emocionalmente mais sensível: será muito difícil gerenciar suas emoções, e ele tomará decisões deixando-se levar pelas recompensas imediatas, sem pensar muito nas consequências. Por isso, um adolescente corre muito mais riscos, faz as coisas sem pensar. É a partir dos vinte e cinco anos que o córtex pré-frontal alcança sua maturidade.

Acontece o mesmo quando temos ansiedade, nos deixamos levar mais pela emoção do que pela razão e tomamos as decisões movidos pelas recompensas em curto prazo, sem pensar nas consequências. Por esse motivo, vimos que é tão difícil seguir bons hábitos. É difícil sustentar decisões que envolvem objetivos de longo prazo, como querer sair da ansiedade.

Pela mesma razão, ocorre a procrastinação no trabalho. A própria ansiedade enfraquece a força de vontade.

> É importante tentar não tomar decisões de forma rápida e baseando-se somente no estado de ânimo. Antes de decidir e agir, acalme-se e passe cada pensamento pelo filtro da razão.

Se você racionalizar no momento de tomar decisões importantes, como aquelas tomadas durante o processo de sair da ansiedade, muito possivelmente agirá de maneira mais acertada.

Se você se empenhar em cultivar os hábitos corretos que já ensinamos, vai se reconectar muito rápido com seu córtex pré-frontal e dar ao seu cérebro uma configuração que o conduza à tomada de melhores decisões. E assim, com o tempo, você poderá sair da ansiedade. O que ninguém conta sobre nosso amigo Phineas Gage é que, mesmo que seu córtex pré-frontal tenha sido danificado, com o tempo ele foi recuperado. Gage não morreu em um ataque de fúria nem sucumbiu ao impulso de se jogar de uma ponte; faleceu depois de uma série de convulsões que devem ter sido resultado dos efeitos de longo prazo do ferimento.

COMO PERCEBEMOS A REALIDADE?

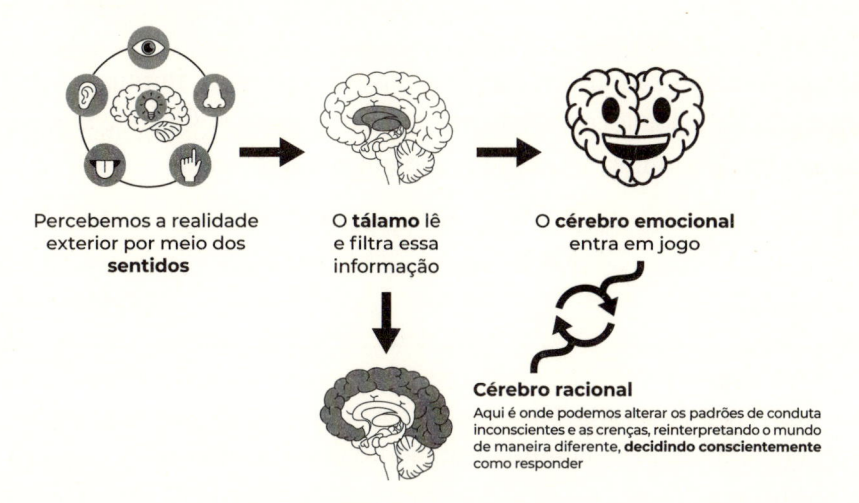

Percebemos a realidade exterior por meio dos **sentidos**

O **tálamo** lê e filtra essa informação

O **cérebro emocional** entra em jogo

Cérebro racional
Aqui é onde podemos alterar os padrões de conduta inconscientes e as crenças, reinterpretando o mundo de maneira diferente, **decidindo conscientemente** como responder

> Se, quando sentimos a emoção, tomamos consciência e a racionalizamos, ainda temos tempo de responder diante do estímulo em vez de reagir. Temos poder para decidir como queremos nos comportar, qual será nossa conduta diante de determinada situação.

A autoconsciência ou autorreflexão é a capacidade de refletir sobre os próprios pensamentos e sensações. Ela nos ajuda a tomar consciência dos padrões de conduta inconscientes, a deixar de viver no piloto automático e, portanto, a responder em vez de reagir diante de novidades e incertezas.

> "Pensando sobre como pensamos, mudamos o próprio pensamento."
> DAVID BUENO I TORRENS

Lembre-se de que quando você tem ansiedade, percebe o mundo de maneira mais emocional e menos racional. É mais reativo e menos consciente. Você se torna vítima de seus pensamentos inconscientes e de suas ações corporais. Tem menos capacidade de tomar decisões racionais e menos autocontrole. É mais disperso e sente mais confusão mental.

Motivação e força de vontade

As necessidades são uma fonte de motivação. Elas nos impulsionam a superar as dificuldades e adiar as recompensas imediatas. Quando estamos motivados, liberamos, sobretudo, dopamina e serotonina.

> Tenha em mente seu objetivo: mudar aquilo que precisa mudar para se sentir melhor.

Lembre a si mesma como você se sentirá e como será sua vida depois que conseguir essa mudança; mantenha sua motivação em vigor. É normal que, durante o processo para sair da ansiedade, você se sinta desconfortável e com medo, erre e fracasse algumas vezes. É totalmente normal e necessário. Aprender algo novo consiste nisso, no fim das contas. Entretanto, se há motivação por trás, cada passo ficará mais integrado dentro de você e será mais fácil e rápido sair da ansiedade.

8

Isto é assim... ou não

Crenças e vieses cognitivos

Tanto se percebemos alguma coisa do exterior como se pensamos em algo, a informação não passa somente pela amígdala, mas também pelo hipocampo, um dos responsáveis pela memória e por fazer com que prestemos toda a atenção para não complicarmos as coisas.

A memória é onde você guarda todos os seus aprendizados, suas expectativas vividas e suas crenças. Esse sistema de crenças é composto por todas aquelas "verdades" que você foi aceitando ao longo da vida. Elas foram construídas a partir das verdades que deduzimos de nossas experiências passadas, da educação que recebemos, dos valores que adquirimos, do que lemos, do que escutamos, do que vivemos. Tudo aquilo que você acreditou que era útil.

Por exemplo, um dia, me dei conta de que se eu dizia à minha mãe "Você está bonita hoje", ela ficava feliz; aprendi que, sempre que a elogio, seu receptor fica contente. Essas crenças que temos e que cada psicólogo, coach etc. chama de uma maneira diferente determinam em grande parte como nos sentimos. Podem ser positivas, aquelas que nos empoderam e nos ajudam a conseguir nossos propósitos, ou negativas, as irracionais ou limitantes, que nos afastam daquilo que queremos na vida.

Uma crença positiva poderia ser: "Sou bom nos esportes." Talvez no passado, quando você era criança, jogava futebol e algum colega de turma ou mesmo o professor tenha lhe dito "Muito bem, você joga muito bem!", essa frase ficou gravada dentro de você, passou para o hipocampo com seu componente emocional positivo e você acreditou nela e a generalizou como: "É verdade, sou bom nos esportes." Talvez essa crença tenha lhe servido de motivação para praticar futebol, e você foi melhorando porque não deixou de jogar. Por outro lado, você poderia ter uma crença limitante como "Não canto bem". Talvez, um dia, tenha chegado em casa animado e começado a cantar a plenos pulmões, mas sua mãe estava sobrecarregada e cansada e gritou: "Pare com isso! Você está me dando dor de cabeça." Novamente essa frase, impactante para você, ficou gravada a fogo em sua memória, e dessa vez você a generalizou como: "É verdade, canto muito mal." Lembre-se de que as coisas que mais ficam guardadas são aquelas que têm uma carga emocional considerável. E desde então você deixou de cantar por medo de incomodar.

Aprendemos a maioria dessas crenças quando éramos pequenos, quando o córtex pré-frontal ainda não estava maduro e, por isso, não aplicávamos o filtro da razão.

Minhas crenças filtram, em grande parte, minha realidade. Dizem que "você cria aquilo em que acredita", mas você é capaz de decidir no que quer acreditar em qualquer momento. Tudo o que está lhe servindo de "filtro" é o que você aprendeu no passado, no que acredita de tudo aquilo que viveu. As crenças nos ajudam a avaliar as emoções que sentimos, a dar-lhes sentido no nível cognitivo.

> Se você modificar aquelas crenças que o limitam, provavelmente surgirão menos emoções negativas. Essa é a chave!

Segundo a doutora Nazareth Castellanos:

O período refratário é o tempo durante o qual só somos, vemos e evocamos lembranças que confirmem e justifiquem a emoção que nos sequestra. No período refratário, só acessamos aquelas lembranças que coincidem com nossa hipótese, que a confirmam, pondo a seu serviço a dialética interior, a reflexão e a razão, que são empregadas como escudeiro fiel capaz de criar um sem-fim de argumentos que a apoiem. A emoção nos cega nesse momento. A consciência desse sequestro nos abre a porta para o autocontrole mediante atenção sobre si mesmo.

Quando temos ansiedade, somos inundados por pensamentos negativos, preocupações que alimentam nosso estado emocional ansioso. Quando estamos sequestrados pelo medo e pela ansiedade, vemos o mundo por lentes que nos induzem a pensar de maneira provavelmente enviesada e cheia de crenças "irracionais", o que manterá esse estado de ansiedade.

Essas crenças irracionais ou pensamentos negativos marcarão como "reajo" diante do que acontece comigo ou como "interpreto de primeira" aquilo que tenho pela frente. Por exemplo, uma amiga me diz: "Esse vestido não lhe favorece muito." Ou então é mais direta: "Esse vestido fica muito mal em você." Se tenho a crença de que "sou feia" ou "estou gorda", esse comentário vai doer, vai despertar a emoção da ira ou talvez da vergonha em mim. Essa emoção fará com que eu me irrite com minha amiga ou fique calada e triste.

Graças ao córtex pré-frontal, posso ser capaz de racionalizar essa situação e pensar que ela talvez tenha dito isso pelo "meu bem", porque quer que eu "brilhe" em todo o meu esplendor, e objetivamente talvez aquele vestido não se ajuste a meu tamanho ou tenha uma cor que não me favorece. Tomar esses segundos para racionalizar a emoção fará com que eu responda algo assim: "Obrigada pela sinceridade, vou procurar outro vestido." E então consiga me sentir bem, à vontade.

> As crenças (padrões mentais) são gerenciadas nas áreas emocionais do cérebro, são ideias que dominam nossa mente. Veremos e interpretaremos o mundo de acordo com o tipo de crenças que temos.

Eu não sou psicóloga, mas acompanho os estudos de um psicólogo muito conhecido chamado Albert Ellis, que fundou a terapia TREC (terapia racional emotiva comportamental). Esse método baseia-se em observar e questionar suas crenças irracionais e lhe dá ferramentas para poder modificá-las. Esse tipo de enfoque é parecido com o dado pela PNL e por outras terapias. Se você não muda suas crenças e sua maneira de filtrar o mundo, continuará se incomodando, se irritando, se entristecendo, se deprimindo, se envergonhando, se culpabilizando, e um longo etcétera de "andos" negativos.

> Se você não questionar seu passado, seu presente seguirá impregnado dele, e, como sabe, seu futuro também, já que, para imaginar o futuro, o cérebro faz previsões a partir do passado. Enquanto você estiver vivo, nunca será tarde para decidir como quer interpretar o mundo.

"Você não pode mudar aquilo que não pode ver", dizia Richard Bandler, fundador da PNL.

Um dos grandes passos que podemos dar para nos livrarmos da ansiedade é reconhecer qual crença está por trás daquilo que me afeta, quais são as que disparam minha ansiedade, que tanto me prejudica e me bloqueia.

Albert Ellis faz um apontamento muito interessante sobre os ganhos secundários que obtemos ao mantermos o problema, os quais ele identifica como as principais resistências que se interpõem ao processo de mudança. Uma das ferramentas que utiliza para desmistificar as crenças irracionais é o questionamento socrático, que consiste em perguntar a si mesmo de maneira imparcial e objetiva se essa crença faz sentido.

Por exemplo, vou fazer algo que nunca fiz, como falar em público, e fico com medo porque acredito que vou me sair mal. Essa crença talvez seja proveniente do fato de que, um dia, quando era criança, você entrou em pânico e teve um branco quando o professor perguntou algo diante da turma toda. E claro, agora acha que dessa vez acontecerá o mesmo, mas pergunte-se: "Realmente acontecerá a mesma coisa?"; "Existem fatos reais que confirmem essa previsão?"

> Não deixe que seu passado o condicione! Você já não é o mesmo de vinte anos atrás, pois desenvolveu outras habilidades que talvez agora façam com que se mostre melhor que ninguém ao falar.

Se quer que as emoções que o bloqueiam, como a ansiedade, não surjam dentro de você, incentivo-o a descobrir e questionar suas crenças irracionais ou limitantes. Obviamente, aquelas que não nos limitam podem ficar aí, não é necessário questioná-las.

Você pode começar anotando todos os dias em um diário aquilo que lhe fez mal, qual situação ou estímulo propiciou esse estado, e tentando identificar qual pensamento estava por trás dessa situação. Pouco a pouco, fazendo esse registro diário, em menos de um mês você poderá ver suas crenças limitantes. E logo será possível questioná-las como se você fosse uma cientista, de maneira racional, para ir tirando o peso da verdade delas paulatinamente. Depois de estar familiarizada com suas crenças irracionais, o passo seguinte é transformá-las em outras mais positivas.

> Você pode ir um pouco além, tomando consciência de seus pensamentos destrutivos ou crenças limitantes, e, assim, mudá-los graças à neuroplasticidade.

Os vieses cognitivos

Quase todos os vieses provêm do objetivo prioritário do cérebro: sobreviver. Novamente, ponha-se na pele de seus antepassados, daquele homem ou mulher caçador-coletor que vivia na selva ou no campo. Pense nas condições pouco confortáveis nas quais eles se desenvolviam, nas ameaças que enfrentavam. Quem sobrevivia naquela época? Quem deixava descendentes? É claro que aquele que tinha consciência de todos os contratempos que poderiam surgir, aquele que estava mais preocupado por se dar conta do perigo e que, portanto, podia enfrentá-lo melhor.

Imagine duas pessoas daquela época: uma que passava o dia distraída e outra que considerava todos os perigos, que estava atenta a todas as adversidades. As duas estão caminhando pela selva, e um tigre se aproxima. A primeira, feliz, não o escuta porque está ensimesmada olhando as borboletas e as flores; por outro lado, a segunda ouve ainda longe os passos do tigre e se protege. Quem o tigre comerá? Quem você acredita que sobreviverá e talvez deixará descendentes? Obviamente, a segunda. Nosso cérebro atual é fruto daquela espécie que era de "determinada maneira", que tinha essas faculdades cognitivas que herdamos e que seriam os "vieses cognitivos".

> Temos o cérebro que temos graças àqueles que sobreviveram no passado, mas isso criou uma mente propensa a pensar de maneira determinada.

Acredita-se que esses vieses são pequenos atalhos que o cérebro pega para economizar tempo e recursos cognitivos, como, por exemplo, no momento de tomar uma decisão. Há cientistas que os rotulam como erros da mente, porque você acha que está sendo racional e lógico, mas vimos que, de forma objetiva, não é assim.

Vieses cognitivos frequentes

Existem muitos vieses cognitivos; explicarei apenas aqueles que acredito que sejam importantes para que você não se deixe enganar por sua própria mente ou para que não se permita ser manipulado pelas outras pessoas.

Como afirma a psicóloga Helena Matute, autora do livro *Nuestra mente nos engaña*:

> Esses erros da mente não são aleatórios, mas previsíveis. Nós, pesquisadores, podemos provocá-los de maneira controlada para fins científicos e sem consequências sérias para os voluntários [...], ou também podem ser provocados pelas empresas de publicidade, redes sociais e grandes plataformas de internet por meio de seus algoritmos de inteligência artificial, que frequentemente são desenvolvidos com o propósito de tirar proveito desses vieses. A consequência, nesses casos, pode ser grave para os usuários.

> Mantenha a mente aberta e capaz de questionar constantemente se essas suposições automáticas que surgem para você são realmente certas ou não.

Medo da perda

Já falamos de Daniel Kahneman, autor do livro *Rápido e devagar: Duas formas de pensar*. Esse psicólogo foi o primeiro a ganhar um Prêmio Nobel de Economia graças à descoberta de muitas das tendências da mente que foram muito úteis nesse âmbito. Por exemplo, as pessoas tendem a evitar o risco para obter ganhos e, em troca, o aceitam para evitar as perdas. Em outras palavras, tendemos a ter mais motivação quando queremos evitar perder algo que já possuímos e menos quando se trata de ganhar algo. Preferimos ser precavidos a arriscar.

Viés de confirmação

Você só vê o que quer ver e tende a interpretar, buscar e lembrar aquilo que está de acordo com suas crenças iniciais. "Acho que isso é verdadeiro ou falso e encontrarei evidências que confirmem que isso é verdadeiro ou falso."

Por exemplo, se você acredita que os canhotos são mais inteligentes, apenas verá canhotos inteligentes, ainda que, talvez, o número de vezes que você veja destros inteligentes seja maior, por uma mera questão estatística. Isso também pode ocorrer com crenças pessoais como: "Tudo dá errado para mim", e assim que você vê algo que corrobora essa ideia, já reafirma sua crença inicial.

Uma das razões pelas quais o cérebro não gosta de ver os fatos objetivos e sair de sua crença inicial é porque fazer isso consome muita energia, requer uma "carga cognitiva" elevada.

O problema principal desse viés é que ele condiciona a informação que consumimos. Tendemos a ler aquela que está alinhada com nossas convicções pessoais, da mesma maneira que nos juntamos a pessoas que compartilham das mesmas teorias e ideologias e perdemos de vista o resto das opiniões.

FATO OBJETIVO — **O QUE CONFIRMA SUA CRENÇA**

O QUE VOCÊ VÊ!

Viés de negatividade

Você alguma vez já se pegou refletindo sobre um erro que cometeu no passado ou repetindo uma vez ou outra em sua cabeça uma conversa que não foi muito boa? Se sim, não se preocupe, isso tem uma explicação.

> Segundo demonstram diferentes estudos, pensamos mais em nossas experiências negativas do que nas positivas, e esses eventos negativos tendem a nos influenciar mais quando avaliamos novas situações.

No fundo, isso tem sentido, não tem? Tudo para que não aconteçam coisas negativas que possam pôr nossa vida em perigo.

Isso não ocorre somente com coisas passadas; se pensamos no futuro, esse viés de negatividade também desempenha seu papel: tendemos a pensar no pior que pode ocorrer e a nos preocupar além da conta, e assim prevenir que nada de mau chegue a nos acontecer.

A incerteza, o desconhecimento quanto ao que acontecerá, dá medo porque pode pôr nossa sobrevivência em perigo. E o que o cérebro faz? Bem... diante do desconhecido, prevê o que acontecerá a partir dos dados coletados do passado.

Por exemplo, se durante a pandemia passo o dia ouvindo que muita gente está morrendo por causa do vírus, acabarei pensando que todas as pessoas próximas a mim e eu vamos ter o mesmo fim.

Preocupar-se com aquilo que acontece ou ter medo é útil até certo ponto, nos protege, mas se você tende a ouvir e a pensar coisas negativas (se foi construindo um cérebro mais pessimista ou temeroso por meio da neuroplasticidade), é normal que visualize um futuro catastrófico: a mínima ponta de incerteza produzirá um terror irracional dentro de você.

Essa é uma das causas do surgimento da ansiedade generalizada: de tanto ativar a amígdala, ela "enlouquece", se descontrola e acaba hiperativada.

Tudo o que você pode fazer quanto a isso é racionalizar e se perguntar: Estou me baseando em experiências ou em fatos reais? É verdade que tal coisa pode acontecer? Qual a probabilidade segundo dados concretos? Utilize o questionamento socrático do qual falamos.

> Em geral, trata-se de prestar mais atenção ao que você pensa e estar consciente quando esse viés aparecer.

9

O grande inimigo

ORCS NAS ESQUINAS

Em 2001, estreou nos cinemas *O senhor dos anéis: a sociedade do anel*. Eu me lembro de que, quando era criança, minha mãe lia esse livro para eu dormir. Pensando bem, não sei por que ela me contava essa história em particular, não me parece a melhor leitura para uma criança pequena. Outro dia, quando decidi escrever sobre essa parte de minha vida, perguntei a ela, que não se lembrava de ter feito isso, então ficamos com esse mistério. Mas tenho certeza de que isso tem a ver com alguma teoria que ela leu na época, de como fazer com que seu filho seja mais inteligente e tire notas melhores. Talvez até se chamasse método Tolkien, nunca saberemos. A questão é que, com dezessete anos, fui ao cinema, com minhas fisgadas e faltas de ar, para ver o início daquela que é, provavelmente, a melhor trilogia da história do cinema até este momento.

Nunca tinha imaginado que era possível dar vida de uma maneira tão real a um universo de imaginação e fantasia como aquele que o autor da obra original tinha na cabeça.

Porém, conto isso porque quero falar sobre o medo.

Já fazia alguns anos que eu andava sozinho pelo mundo, quero dizer, que não precisava estar acompanhado por nenhum adulto, já tinha me tornado um; um projeto de adulto, melhor dizendo. Desde o primeiro dia em que comecei a andar sozinho pela cidade, meus passos eram rápidos como os de um maratonista. Eu tinha sempre a sensação de que alguém poderia estar à espreita e pronto para me fazer mal.

O medo foi reforçado depois que, em várias ocasiões, fui atacado no centro de Barcelona; duas vezes, uns viciados em heroína que precisavam financiar sua dose seguinte, e outras, brutamontes que queriam uns trocados para suas drogas. Mesmo que não houvesse nenhum perigo, assim que ficava sozinho, normalmente na volta para casa, eu me acabava de correr e, ao chegar ao portão, não o abria mais que trinta centímetros, por onde me espremia de lado, para assim poder fechá-lo imediatamente.

A questão é que, depois de assistir a O senhor dos anéis, a fobia aumentou. Fui ver o filme com um amigo na última sessão. Acredito que começou às onze da noite; se você já assistiu, pode calcular o horário que saímos da sala.

Com esse mundo de elfos, magos, hobbits e orcs na cabeça, enfrentei, depois das duas da madrugada, a volta para casa. Juro que podia ver orcs me perseguindo em cada esquina. Não dormi naquela noite.

O medo me acompanhou durante anos; na verdade, até eu começar a superar a ansiedade. Superar a ansiedade nos leva a vencer o medo. Para ser sincero, não posso apontar uma data concreta de quando isso aconteceu; foi um caminho que percorri pouco a pouco. Apesar disso, às vezes há situações, leituras ou experiências que nos fazem reforçar uma ideia. A ideia de que para superar meus medos eu deveria enfrentá-los chegou para mim com um vídeo no YouTube. Era uma entrevista com o ator e músico Will Smith, um artista de quem gosto muito, basicamente pela série Um maluco no pedaço, que me acompanhou durante toda a infância. Nessa entrevista, ele falava sobre o medo. Contava que se deu conta de como o medo antecipatório é estúpido e explicava com muita graça a história do dia em que marcou com uns amigos para saltar de paraquedas e como na noite anterior o medo o bloqueava e não o deixava comer nem dormir. Ficou paralisado praticamente até o momento de saltar e, nesse ponto, no exato momento em que começou a voar, conseguiu comprovar que não tinha medo; "o ponto de perigo máximo é o ponto de medo mínimo", segundo suas palavras. Então Will se perguntava: de que serve esse medo paralisante vinte e quatro horas antes, se você nem sequer está perto do avião? "Só estraga seu dia. Deus colocou as melhores coisas da vida do lado oposto ao medo."

Depois de ver esse vídeo, me dei conta de que todas as séries de quando eu era criança, meus heróis de infância, na verdade, estavam querendo nos mostrar isso. Devemos encarar os medos e, se formos valentes, a recompensa estará atrás deles. O Homem-Aranha tem que superar o medo de ser um herói e decepcionar os outros para brilhar como o que realmente é. Bastian, o menino de *A história sem fim*, tem que superar seus medos e inseguranças vivendo uma história de fantasia. Batman se disfarça de morcego porque tem fobia deles, e assim a enfrenta e a transmite a seus inimigos. Bom, e há muitos como eles, esse é um dos grandes temas da humanidade e aparece em muitas obras artísticas, é normal. Ou não é o medo o que impede Ulisses de descansar em seu regresso a Ítaca?

Medo e ansiedade

Dissemos que o medo é uma emoção primária desencadeada por uma ameaça real, enquanto a ansiedade é uma emoção secundária, mais complexa e que tem mais a ver com um medo irracional; ela aparece e você não sabe explicar bem o motivo.

A função-chave da ansiedade é a constante antecipação a medos futuros; poderíamos dizer que a ansiedade é uma espécie de superproteção para nos assegurarmos de que, futuramente, tudo acabará bem. A ansiedade é exclusiva dos seres humanos; os orcs não sofrem de ansiedade, nem qualquer outra espécie de animal, pois ela intervém na imaginação, característica da qual o restante das espécies carece. O cérebro não gosta nada da incerteza; quando coisas novas aparecem, ele analisa e prevê o que acontecerá para poder combater da melhor maneira possível a ameaça ou para aproveitar a nova oportunidade apresentada.

> Quando imaginamos o futuro, são ativadas partes do cérebro relacionadas às lembranças, aos aprendizados passados, ao presente mais iminente, à razão que nos ajudará a prever esse futuro, à emoção, à imaginação e às recompensas imediatas. O cérebro faz uma miscelânea criativa com todos esses elementos e daí tira nossa vidente interior, que favorecerá nossa "sobrevivência".

Isso acontece quando o cérebro está em condições normais. Mas o que ocorre quando sofremos de ansiedade e nosso cérebro já não se encontra nesse estado? O que ocorre é que a ansiedade se torna crônica, e você sente um medo perene de que algo lhe aconteça. Sem perceber, você imagina futuros destrutivos, apocalípticos, que só existem em sua mente, e isso faz com que sinta ainda mais medo.

Oitenta por cento do que percebemos da realidade vem de dentro, basicamente dos pensamentos ou das sensações físicas internas (se você está com dor de barriga, se sente palpitações...). Você já sabe que o cérebro, no fim, não distingue o que é real do que não é, sobretudo quando o córtex pré-frontal está debilitado; se você pensa em situações futuras que podem ser ameaçadoras e acredita nessa ideia, isso já pode provocar um alarme em você e desencadear toda a neuroquímica que produz ansiedade.

Quando você nota toda essa sintomatologia no corpo, o medo é intensificado e mais pensamentos de pânico são desencadeados. Muitos deles podem estar relacionados com o fato de você estar sentindo ansiedade nesse momento, por exemplo: "Ah, meu Deus, já estou voltando a ter ansiedade, isso é ruim, é horrível." Essas frases criam ainda mais tensão em você, perpetuam seu estado e o pioram, o que faz com que você sinta ainda mais medo e, assim, entre em um ciclo do qual, como já sabemos, é difícil de sair.

> Arthur Schopenhauer dizia que "o que há de característico no pânico é que aquele que o sente não está claramente consciente dos motivos; mais os pressupõe do que conhece e, se necessário, converte o próprio temor em motivo do temor".

Preocupações

Dissemos que o objetivo final do cérebro é sobreviver, o que torna compreensível o fato de você buscar segurança e controle nas coisas que acontecem em sua vida. Pensar pode ajudá-lo a valorizar todos os perigos, prever e buscar possíveis soluções para que nada de mal possa acontecer.

Segundo dizem, podemos ter de 70 mil a 90 mil pensamentos por dia (escrevo "segundo dizem" porque não consegui encontrar a referência científica desse famoso dado). Parece que, quando estamos em modo de sobrevivência, com certeza a maioria desses pensamentos são preocupações ou ruminações. Relembrando o estudo que comentei no início do livro:

> "Noventa e um por cento das coisas que me preocupam nunca acontecem."

Quando você sofre de ansiedade, as preocupações aumentam. Você vive constantemente em alerta, a amígdala, que detecta as ameaças e ativa o medo, está alterada e hiperativada, o que faz com que você constantemente veja ou sinta perigos onde não existem. Quando você tem ansiedade, a amígdala assume o controle do cérebro, o que significa que sua emoção é intensificada diante desses pensamentos antecipatórios ou preocupações.

O córtex cerebral, que nos ajuda a racionalizar, para de funcionar bem, o que produz dispersão e confusão mental. É mais difícil encontrar soluções. Preocupar-se constantemente esgota muitos recursos cognitivos e aumenta o cortisol, o que enfraquece o sistema imunológico.

> Os efeitos de se preocupar demasiadamente podem ser, inclusive, mais perigosos do que aquilo que realmente nos inquieta. Cuidado, não acabemos ficando com dois problemas: a ansiedade + a preocupação com a ansiedade.

Pense em toda essa energia mental que você está utilizando ao se preocupar com coisas que ainda não aconteceram. O que aconteceria se, em vez de viver no futuro "PREocupando-se", você vivesse no presente e simplesmente se "ocupasse" quando chegasse o momento? Imagine toda a energia que você pouparia e que poderia usar para pensar em outras coisas mais positivas. Seria incrível, não?

A GERAÇÃO PERDIDA

Esse é o título de um vídeo que viralizou na internet e que utilizei durante um tempo em minhas palestras para ilustrar o que significa viver no futuro e sentir medo de perder aquilo que você ainda não tem. A verdade é que continuo achando o vídeo muito atual; ele retoma tudo o que diziam que deveríamos fazer quando éramos crianças para termos uma vida feliz. A fórmula era a seguinte: se você estudar e tirar notas boas, fizer uma faculdade e estudar inglês e informática, quando for adulto terá um apartamento na cidade, uma casinha na praia, dois carros, mulher, filhos e um cachorrinho chamado Toby.

A questão é que nós, da minha geração, já não acreditamos nessa história. Então, o que aconteceu? Chegou a crise de 2008 e, depois de concluir a faculdade, aprender inglês e nos tornarmos a geração mais bem preparada da história, acabou que não tinha trabalho, nem apartamento, nem casa na praia, nem mulher, nem filhos. Bem, no meu caso, sim, mas eu não tenho muita consciência das coisas, a maioria no máximo tinha o Toby.

O curioso disso é que, anos mais tarde, acompanhei uma moça em seu processo e, no dia em que falei sobre esse vídeo, descobri que ela era a criadora. O mundo é um ovo de codorna, como dizia minha avó.

De alguma maneira, olhando para o passado, acho que nunca engoli essa história. Desde muito jovem, tentei criar meus próprios trabalhos, isso que agora chamam de empreender, o que resultou em certa estabilidade financeira para fazer o que eu queria em cada momento. Ainda que eu tenha cometido erros, aprendi com eles. Depois, a ansiedade me paralisou e dei uma pausa, mas já contei isso.

Digo isso para que você veja que nada é perene, tudo muda na vida, e estar estagnado em apenas uma forma de ver o mundo traz medo e ansiedade. Devemos prestar atenção às mudanças para poder nos adaptar a elas. A pandemia de Covid-19, por exemplo. Você esperava por isso?

Claro que a incerteza dá medo, e a falta de controle também, mas se tem algo que aprendi é que o medo está aí, enquanto a ansiedade é opcional. Entender como o amor funciona me ajudou muito a integrar esse conceito.

Antes daquela aula de filosofia dada por um bom professor, para mim, o amor era salvar uma princesa em apuros ou algo assim. Contudo, naquele dia, aprendi o que era o amor incondicional.

Contei sobre como eu me sentia quando sofria de ansiedade, inclusive meus pensamentos sobre passar dessa para melhor. Então você já deve fazer ideia de que, durante a maior parte de minha vida, fui uma pessoa com falta de autoestima. Eu não deixava transparecer, isso acontecia por dentro, apesar de que agora eu vejo fotos minhas da época e não entendo como ninguém se deu conta; o rosto fala.

Como fazia todas as terças-feiras à tarde havia alguns meses, assisti à aula de psicologia budista. Minha companheira e eu, os únicos alunos do curso, nos sentávamos em almofadas de meditação e nos dispúnhamos a escutar duas horas de histórias maravilhosas de nosso professor. Naquele dia, o tema era o amor incondicional.

— Devemos amar todas as pessoas da mesma maneira — dizia o professor. — Você deve amar seu inimigo do mesmo modo como ama sua mãe, e assim seu inimigo deixará de sê-lo.

— E como se faz isso? — soltou minha companheira, na defensiva. — Porque é muito fácil dizer, mas não acredito que seja possível fazer.

— Não é fácil, é verdade, mas isso não significa que seja impossível. A resposta para a sua pergunta é: amando a si mesma — concluiu.

Ele nos contou que quando uma pessoa nos provoca rejeição e, consequentemente, nos desperta emoções como a raiva ou o medo, na maioria das vezes, isso acontece porque essa pessoa reflete alguma característica de que não gostamos em nós mesmos. A maneira de lidar com essas emoções é olhar para dentro, detectar nossa carência e, com um belo sorriso, estar disposto a amar essa pessoa de maneira incondicional.

Anos depois, no curso de medicina chinesa, minha professora de fitoterapia disse uma frase relacionada a esse assunto: "Não existem pessoas más, existem pessoas doentes. Encontre uma maneira de ajudá-las a se curar."

Com esses temas na cabeça, eu ia entrando pouco a pouco no caminho do autoconhecimento, da superação da ansiedade e do medo. A cereja do bolo que me ajudou a pôr fim ao medo antecipatório e ao incômodo diário foi o dia em que reli os irmãos Grimm.

Durante toda a minha vida, eu soube quais eram os hobbies de meu pai: o xadrez e a leitura. Sempre houve muitos livros em casa; em seu escritório, havia uma grande biblioteca lotada. Muitos deles eram muito velhos e com aquele encanto especial do livro amarelado, e havia outros mais atuais. A questão é que sempre que vou visitar meus pais, tiro um tempo para contemplar a biblioteca e ver o que encontro.

Um dia, encontrei um livro com capa de couro que me trazia lembranças da infância. Eram os contos dos irmãos Grimm. Algumas vezes, acho que a magia existe, porque abri o livro justamente na página em que havia um velho marcador de página com a sigla CCOO, da confederação sindical Comissões Operárias. O que estava escondido ali era o conto de João sem medo. Caso você não se lembre, permita-me fazer um resumo:

Conta a história que João era um garoto um pouco bobo, mas incapaz de sentir medo. Tinha muita curiosidade para saber o que era isso de que os outros tanto falavam e foi viajar para tentar descobrir. Ele acaba em um castelo encantado e aguenta passar três noites ali, coisa que faz com que o rei lhe dê a mão da princesa, com quem ele se casa e é muito feliz.

A moral é simples: o garoto era meio bobinho, mas, indo sem medo pela vida, é possível conseguir tudo.

Talvez minha personalidade seja um pouco competitiva, mas, ao fechar o livro, pensei: se esse garoto bobo conseguiu, eu também consigo. Ou talvez aquele garoto não seja tão bobo, e os bobos sejamos nós, os que sentimos medo do que não está acontecendo.

A partir daquele instante, prometi a mim mesmo que nunca mais sairia na rua com medo e que viveria cada dia com esperança e alegria. A resposta sobre como conseguir amar a mim mesmo eu descobriria anos depois.

As aventuras da sra. Sem-Medo

Há coisas que sempre farão parte da vida, e a incerteza é uma delas. Sinto muito, fomos feitos assim. Podemos comprovar isso com a pandemia, que tornou mais tangível a existência da dúvida e despertou o medo de uma das maiores delas: a morte.

Diante do desconhecido, podemos fazer duas coisas: passar o dia assustados pensando no pior ou viver o mais tranquilos que conseguirmos, confiar na vida e, se no fim acontecer algo, agir nesse momento e pronto. Confiar, como é fácil falar e como é difícil sentir, não é?

Às vezes, nos preocupamos com coisas que não dependem de nós, ou pelo menos não em sua totalidade. Como Ferran com os orcs... Ele nunca tinha me contado isso.

Se não nos preocupamos, parece que não estamos sendo responsáveis. O que acontece, com certeza, é que você acostumou seu cérebro e seu corpo a sentir e pensar de certa maneira.

> Deixar de se preocupar e de sentir ansiedade seria ser infiel consigo mesmo. Você se sentiria estranho; em parte, já não seria você.

Então surge o medo, porque você está fazendo algo diferente daquilo que até agora o ajudou a seguir "vivo". Não é verdade que, ao deixar de se preocupar com as coisas, você vai perder o controle de sua vida e acabar morto. Vou lhe contar o curioso e fascinante caso da mulher sem medo (*Nature*, 1994).

Sra. Sem-Medo não sentia essa emoção havia anos. Tinha sido afetada pela rara doença de Urbach-Wiethe, que, em certas ocasiões, provoca danos graves na amígdala. Os pesquisadores da Universidade de Iowa lhe mostravam aranhas, serpentes, filmes de terror e rostos ameaçadores e a expunham a facas e outras situações assustadoras, mas não havia como fazer com que a sra. Sem-Medo reagisse.

Ora, uma história parecida com a do conto dos irmãos Grimm.

A questão é que essa mulher amigável, divertida, confiável, aberta a todos e com uma empatia elevada não conseguia sentir medo, e muitos acreditavam que ela não viveria muito, pois, sem o medo, ela não poderia sobreviver.

Acontece que não, essa senhora é meu ídolo, pois vive felicíssima e é mãe de três filhos dos quais cuidou com muita responsabilidade. Para você ver que viver sem medo não é tão perigoso como se acredita.

Há outro estudo que também chamou minha atenção. Nele, foram mostradas aos participantes fotografias de seus entes queridos a fim de se observar quais partes do cérebro são ativadas quando sentimos amor. O que me surpreendeu não foi saber quais partes são ativadas, mas descobrir qual delas é reduzida.

Sabe qual é? A amígdala. Sim, então poderíamos deduzir que o antídoto para o medo é o amor. Assim como sentimentos relacionados, como a confiança, a gratidão e o perdão...

> Muitos estudos demonstram que o amor reduz notavelmente o estresse e a ansiedade. Talvez por isso a ioga, o qigong e a meditação (sobretudo o *kindfulness*) são tão úteis para combater a ansiedade, já que são ferramentas que promovem estados de bem-estar emocional.

Isso é curioso porque, diante da incerteza ou da novidade, as pessoas costumam responder ou com medo, ou com curiosidade. Quando você vive em um estado de calma, é muito mais fácil interpretar o novo que a vida lhe mostra com curiosidade e surpresa.

Tudo o que você não sabia sobre o medo e que nunca se atreveu a perguntar

Sabia que o medo de altura não é chamado de "vertigem"? É denominado "acrofobia" e, como o nome indica, é uma fobia. A vertigem é somente um dos sintomas que vivenciamos quando temos medo de altura, é aquela sensação de perder o equilíbrio, mas que pode ocorrer em muitas outras situações.

Existe uma variedade de nomes que têm relação com o medo, como "fobia" ou "pânico". Uma fobia é um medo muito intenso de um objeto, animal, lugar ou situação concretos que não causa temor à maioria das pessoas. Por exemplo, você pode ter fobia de aranha ou de estar em situações sociais em que há muita gente.

Fizeram muitos outros testes com a sra. Sem-Medo, entre eles o de inalar ar com CO_2 extra, o que provoca uma diminuição de O_2. Você deve estar se perguntando o que o CO_2 e o O_2 têm a ver com isso. Pois bem, quando temos um ataque de pânico, a quantidade desses dois gases no corpo fica desequilibrada.

Isso acontece porque a respiração se acelera descontroladamente. Então começamos a experimentar uma sensação de sufocamento e, ainda que respiremos a toda velocidade, sentimos que não há ar suficiente. Por quê?

> Nossa respiração se baseia no equilíbrio de dois gases: o oxigênio (O_2) e o dióxido de carbono (CO_2). O segredo está nesse equilíbrio.

Para surpresa de todos, a sra. Sem-Medo experimentou a sensação que *fazia anos não sentia*. Concluiu-se que a ativação da amígdala não é totalmente necessária para se sentir pânico. É curioso, mas parece que, dependendo do tipo de medo, há umas partes ou outras do cérebro que são ativadas.

> É possível que o medo que sinto quando a ameaça vem de fora e aquele que noto quando provém de dentro, causado pelos meus pensamentos ou pelas reações físicas de meu corpo, não sejam os mesmos.

O medo ou talvez o sentimento de medo é muito complexo, subjetivo, e pode ser que cada pessoa o vivencie de maneira diferente. Como Francisco Mora diz em seu livro *¿Es posible una cultura sin miedo?* [É possível uma cultura sem medo?]: "O medo é, então, um sentimento único para cada ser humano (e diferente ao de outro ser), assim como é único o cérebro de cada indivíduo com sua história, suas vivências, suas percepções e memórias, seus pensamentos e razões."

Quando estou vendo um filme de terror e sinto medo, a amígdala também é ativada? Sim, e ela ativa o sistema nervoso simpático (por isso, não é muito aconselhável que você assista a esse tipo de filme se sofre de ansiedade). Mas qual é a diferença dessa para outras situações? Sabe-se que, nesse caso, é ativado o sistema de recompensa, liberando dopamina. Assim, esse medo que você sente quando assiste a um filme de terror também causa prazer, o que obviamente não acontece quando o medo é real.

> O medo de sofrer de ansiedade bloqueia a capacidade de sentir prazer.

Detrás do medo está tudo de bom que acontecerá em sua vida

Segundo a maioria dos estudos e experimentos feitos com ratos, o melhor para superar um medo é enfrentá-lo; contudo, acredita-se que a maneira correta de se expor a ele seja em um ambiente seguro. Assim, a pessoa poderá ir associando a situação a um estado mais positivo ou neutro e ir criando uma nova conexão que a ajudará, no futuro, a perder o medo dessa fobia ou pânico.

Deixe-me dar um exemplo pessoal. Há muitos anos, faço parte de muitas companhias de dança e colaboro com outras. Devido a isso, crio e enceno muitos espetáculos do setor. Quando comecei a dançar em público, tinha pânico de subir ao palco diante de tanta gente; minhas mãos suavam e meu corpo tremia, e muitas vezes me dava branco. Depois de enfrentar uma e outra vez a mesma situação, com uma boa predisposição mental (imaginando que tudo sairia bem, lembrando que danço para me divertir e para compartilhar algo que amo fazer) e em condições ideais (dançando na companhia de pessoas que me passavam confiança e amor, com meus amigos como espectadores), consegui fazer com que um dia o medo desaparecesse e desse lugar ao prazer. Desde então, me sinto muito bem quando piso em um palco. No entanto, foram muitas apresentações, muitas oportunidades de me expor ao mesmo medo com uma perspectiva mais positiva, o que fez com que o medo desaparecesse. Outro exemplo é Ferran: mesmo que não tenha contado, ele tem medo de voar de avião. Isso é conhecido tecnicamente como "aerofobia". Para superá-la, é necessário enfrentá-la por meio de um simulador, por exemplo, para reativar sua memória fóbica armazenada e, com a ajuda de um terapeuta, analisar e considerar a situação até conseguir melhorá-la.

10

Não sou capaz

O DESPERTAR DO AMOR

Fazia dois dias que eu tinha feito vinte e seis anos, e minhas paralisias praticamente tinham deixado de existir. Como em quase todas as tardes, me dirigi até o encontro diário para beber algo com meus amigos. Éramos um grupinho de nove a onze pessoas, dependendo do dia, que seguia unido desde o ensino médio. Naquele dia, nos encontramos em uma varanda na Plaza de la Revolució, uma das múltiplas pracinhas do bairro da Gràcia em Barcelona. Ali, há uma sorveteria italiana muito boa, onde as pessoas fazem fila de mais de quinze minutos para conseguir duas bolas de sorvete de chocolate, mas nós escolhemos a varanda do bar ao lado. Para nós, naquela época, o que interessava mesmo era beber umas cervejas e fumar um baseado. Cumprimentei todos os meus amigos e me sentei. Já fazia muito tempo que eu não bebia álcool; sabia que piorava consideravelmente meus sintomas, então pedi um chá. Meus companheiros de bar sempre implicavam comigo por não tomar cerveja. "Chegou o natureba", diziam. Mas eu segurava a barra e deixava que a bolsinha daquele chá ruim se enchesse de água.

Estou contando isso porque acredito que foi nesse dia que comecei a aprender a amar.

A primeira conversa da mesa foi sobre o Barça (naquele ano, o time tinha que ganhar a Champions League, segundo os entendidos), e depois mudamos de assunto para comentar os seios da garçonete. Fugi da conversa por alguns minutos, imerso em meus pensamentos, que, naquele momento, eram "Essa porra de futebol não me importa" e "Não me interessam os peitos dessa pobre garota, ela deve estar pensando que somos um bando de pervertidos".

Depois de um momento pensando, pela primeira vez na vida me priorizei em detrimento dos outros. Um sorriso inesperado levantou ligeiramente as maçãs do meu rosto; olhei para meus amigos e disse: "Tenho que ir, a gente se vê." Nunca mais voltei a sair com eles.

Naquele dia, coloquei minhas necessidades na frente das dos outros e troquei o "O que vão pensar de mim?" pelo "Vou me amar do jeito que eu sou". Essa segunda frase me acompanhou desde aquele dia toda vez que eu me pegava dizendo algo negativo a mim mesmo. É um exercício que aconselho que você faça se perceber que está tendo um diálogo interno negativo.

A questão é que naquele dia deixei de me reunir com meus amigos da vida toda. Meus primeiros pensamentos e reflexões sobre isso foram muito corrosivos, eu me dizia coisas como "eles não o aceitam como você é", "baita canalhas, agora que você está se mostrando de verdade, eles estão lhe virando as costas". Com o tempo, essa opinião mudou e comecei a pensar de outra maneira. Eu me dei conta de que nos juntamos àqueles que falam da mesma maneira que nós.

Para que você entenda, deixe eu lembrar por alto como era o Ferran pré-ansiedade. Um garoto ativo, que sempre tinha voz, com vontade de mandar e direcionar o grupo, com opiniões sobre tudo, esportista, músico, com o cigarro em uma mão e a cerveja na outra.

Meus amigos se sentiam atraídos por esse Ferran e por seu discurso, não somente quando falava, mas também pelos gestos e, inclusive, pela maneira de se vestir. Ao passar pelo meu processo de ansiedade e começar com um profundo trabalho de autoconhecimento, esse Ferran deixou de existir e surgiram novas características, novas maneiras de fazer e me comunicar. E aquele grupo de garotos perdeu o interesse por essa pessoa.

Podemos mudar, Sara já nos falou sobre as conexões neurais e como elas demonstram isso. E eu mudei; várias coisas de minha essência podiam ser reconhecidas, isso está claro, mas muitas outras coisas apareceram de surpresa.

Meu discurso, então, mudou; não era culpa deles, não estavam fazendo nada de errado. Da mesma maneira que eu tinha perdido o interesse pelos seus assuntos e pelas tardes de drogas e futebol, eles também não sentiam vontade nenhuma de falar de tai chi chuan ou chás para dormir.

Em poucos meses, começaram a aparecer pessoas novas em minha vida, gente maravilhosa que se sentia atraída por esses assuntos, por essa maneira de falar, de comunicar. Somos do jeito como falamos com nós mesmos e, consequentemente, como nos comunicamos com os outros.

Ondas vibracionais mudando vidas

Podemos descobrir muitas de nossas crenças irracionais e vieses observando como falamos com nós mesmos. Linguagem e pensamento estão muito relacionados. Eu tinha uma professora de comunicação que dizia que o estado mental de cada pessoa é refletido na maneira como ela se comunica. A linguagem ajuda a estruturar os pensamentos, a organizar tudo o que percebemos da realidade e a construir nossa identidade.

Vou demonstrar que o que Ferran diz está comprovado e sabemos como funciona; espero que, assim, uma teoria que lhe venderam como meio *illuminati* comece a se solidificar fortemente em sua vida.

Quando escutamos alguém falar, as ondas vibracionais da voz vão parar no ouvido, mais precisamente em uns receptores localizados ali que têm a capacidade de converter essas ondas em sinais elétricos. Esses sinais viajam até o tálamo, que, como você já sabe, é a porta de entrada sensorial. A informação filtrada pelo tálamo é enviada, nesse caso, para o córtex auditivo; se em vez de escutar alguém você estivesse lendo algo, a informação captada pelo tálamo seria mandada para o córtex visual.

Depois que é processada, a informação passa para o córtex associativo, onde se conecta a outras, e daí viaja até a área de Wernicke, zona encarregada de processar e interpretar a linguagem, e também faz uma parada na memória semântica (hipocampo). Depois, a informação passa para a área de Broca, que, por sua vez, envia o sinal ao córtex motor específico que ativa os músculos dos quais necessitamos para falar. Essas duas áreas estão localizadas no hemisfério esquerdo do cérebro (exceto no caso de pessoas canhotas) e são vitais no processamento da linguagem.

> Se eu ler ou escutar um idioma que não conheço, toda a informação chegará à área de Wernicke e parará aí. Meu hipocampo não encontrará nenhuma lembrança, nenhuma aprendizagem que me ajude a compreender aquilo que estou vendo ou escutando.

Por outro lado, uma pessoa que sofre uma lesão na área de Broca consegue compreender o que lê e escuta, porque isso já passou pela área de Wernicke, mas terá problemas na hora de falar devido ao pouco controle dos músculos da fala.

A linguagem é uma capacidade cognitiva muito potente, e o fator social foi a chave para que ela fosse selecionada evolutivamente; graças ao fato de nos comunicarmos uns com os outros, desenvolvemos a linguagem.

É aqui que isso se conecta com o que Ferran contava: a linguagem também nos ajuda a construir o senso de identidade – dependendo do modo como falamos conosco ou com os outros, podemos mudar completamente nossa maneira de perceber a realidade. Somos narradores de histórias, e sua vida pode ser vista de uma maneira ou de outra dependendo da forma como você a conta.

A linguagem está relacionada com um grande número de funções cognitivas como a atenção, a orientação ou a memória; por isso, agora é sabido que as habilidades linguísticas não estão localizadas em uma área cerebral específica, mas em muitas áreas diferentes.

> A linguagem é muito complexa e ainda há muito desconhecimento a seu respeito no mundo da neurociência.

Então sua mente muda dependendo da língua que você fala? Em parte, sim! O idioma que utilizamos tem relação com a cultura de onde vivemos. A língua está impregnada de diferenças culturais e sociais que afetam a maneira como percebemos a realidade.

Por exemplo, é bastante sabido que os russos têm um monte de palavras para se referir a diferentes tons de azul. Realmente, eles são capazes de perceber essa variedade de matizes, enquanto aqueles que não são russos não conseguem.

Demonstrou-se também que as pessoas bilíngues ou poliglotas percebem o mundo de maneira diferente das monolíngues porque seu cérebro, graças à neuroplasticidade, desenvolveu mais rotas neurais, mais opções diferentes para captar a realidade em função dos distintos idiomas que falam.

O biólogo David Bueno i Torrens, em seu livro *El arte de persistir*, diz que: "As palavras que utilizamos também contribuem para esculpir nossa visão de mundo em determinado momento."

> As palavras que ouvimos ou que lemos alteram nossa percepção do entorno e de nosso estado de ânimo.

Como ele comenta em seu livro, durante as primeiras semanas da pandemia, havia muitas manchetes que utilizavam um vocabulário muito belicoso: "uma batalha que venceremos unidos", "os paramédicos estão lutando na linha de frente (de combate)"... De que modo esse tipo de linguagem nos afeta? Nesse caso, causando mais medo e terror, não acha? Pense no que teria acontecido se a linguagem utilizada tivesse sido mais amável e positiva durante toda a pandemia.

Reprogramando a mente

Não é difícil nos darmos conta de que as palavras que utilizamos podem afetar a maneira como nos sentimos. A linguagem influencia nossas sensações. Fale bem consigo mesmo e se sentirá bem. Se digo a mim mesmo "não posso", é claro que isso não fará eu me sentir muito bem. Seguindo o princípio da neuroplasticidade, o mais conveniente seria que você repetisse frases mais positivas, nesse caso: "eu posso".

> É verdade que se eu digo "eu posso" mas não acredito nisso, a frustração pode aparecer.

Por esse motivo, depois de escutar o trabalho pessoal que Ferran fez e ao preparar este capítulo, entrei em contato com Patrícia Ibáñez, fundadora da primeira escola de mentalidade e PNL para alcançar objetivos: *Aprendízate*. Como o nome indica, a programação neurolinguística, ou PNL, estuda a relação que existe entre pensamentos, linguagem e conduta, e embora ainda seja necessário fundamentar mais cientificamente suas bases, ela pode nos trazer uma visão muito enriquecedora sobre esse tema.

Patrícia me disse que existe o "mito" de que se repito muitas vezes frases positivas para mim mesmo, então tudo muda em minha cabeça, mas se não me vejo como capaz de algo, é porque realmente existe uma lista de crenças que embasam esse pensamento.

> Aquilo que nos dizemos, aquilo no que acreditamos e aquilo que representamos em nossa cabeça constituem três níveis muito relacionados.

Se uma pessoa diz "Não me sinto capaz", ela acredita no que está dizendo, ao mesmo tempo que se representa uma imagem e se repete uma voz interna que lhe diz: "Você não é capaz."

Segundo a PNL, podemos alterar nossa linguagem, mas se essa modificação não afeta suas crenças ou a maneira como você representa as coisas na cabeça, você vai mudar pouco. Por isso, se você repetir para si mesma todos os dias no espelho "Eu posso, sou uma deusa", mas no fundo não acreditar nisso, não "enxergar" isso, é normal que você se frustre.

> Essa mudança nas palavras precisa afetar também os outros níveis; minhas crenças precisam mudar, e a imagem ou a voz que se projetam quando digo tais palavras a mim mesma têm que estar de acordo com elas.

É verdade que a alteração de um dos três afeta os outros e que isso já pode ser suficiente para produzir uma grande mudança. Algumas vezes, dizer frases positivas pode funcionar, mas outras vezes isso não será suficiente.

Se repito essas frases várias e várias vezes, no fim estou plantando algo como uma sementinha na cabeça, que pouco a pouco pode ir dando seus frutos (graças à neuroplasticidade). Contudo, o processo pode ser muito lento porque talvez você esteja lutando com experiências, emoções, crenças passadas que jogam contra você. Quanto piores forem essas crenças, mais difícil será transformar um pensamento negativo em outro mais positivo ou uma frase negativa em outra mais positiva. Por exemplo, se me deparei com adversidades três vezes e falhei todas as vezes, talvez me diga "eu consigo" para ficar mais motivada na quarta tentativa, mas está claro que a "bagagem" que levo pesa mais; será mais difícil para mim dizer e acreditar nisso do que da primeira vez em que eu me deparei com as adversidades.

VOCÊ TEM QUE APRENDER A CONVIVER COM ELA

No primeiro dia em que falei ao psicólogo que me indicaram para tratar a ansiedade, ele me disse a frase que dá título a esta seção.

Após vinte anos e mais de 2 mil alunos, me dei conta de que eles falam isso para quase todo mundo.

Essa frase pode ser correta, embora não completamente, mas o certo é que ela nem é positiva, nem traz esperança. Com os anos, aprendi que o cérebro acredita no que lhe falamos, e que as imagens que projetamos sobre qualquer coisa serão sua interpretação da realidade. A frase é verídica de certa maneira, e Sara já nos contou no começo do livro que a ansiedade é uma resposta natural do corpo. Então, como não teríamos que aprender a viver com ela se ela faz parte de nós? O problema é a ansiedade patológica, que ocorre quando esse mecanismo de sobrevivência está danificado. Por isso, apague essa frase de sua mente.

Você se lembra de minha experiência com *O senhor dos anéis*? Bem, em minhas palestras, faço uma comparação usando *Game of*

Thrones. Se à noite, com a intenção de relaxar, você se senta no sofá para assistir a *Game of Thrones*, seu eu consciente pensa: "Estou no sofá, tranquilinho, vendo uma série." O cérebro entenderá: estou a cavalo, no meio de uma guerra, cortando cabeças e matando dragões. É claro que essa historinha é um exagero, mas serve para que eu explique à plateia como falamos a nós mesmos e como nossas crenças influenciam nesse processo. Se você acredita que a ansiedade não tem cura, são poucas as possibilidades de conseguir curá-la.

Como eu contava, quando transformei meu diálogo interno, mudei meu grupo de amigos e, anos mais tarde, terminei um relacionamento que me mantinha preso, dependente. Foi tão difícil sair disso que tive tempo de ter duas filhas, maravilhosas, é claro. Quando finalmente consegui, meu círculo de pessoas começou a mudar. Conheci Xavi, um rapaz com um caminho de superação incrível que se tornou uma pessoa com quem eu compartilhava aventuras; depois dele, vieram muitas outras amizades. Recuperei relações perdidas, como a que tinha com Edu, meu primo, e me cerquei de pessoas incríveis para levar meus projetos adiante, como Cris e Óscar. Chegaram professores como Francesc, que ainda me guiam em meu caminho. E, finalmente, acredito que quando já estava preparado, conheci Eva, minha atual esposa, que me mostrou o que é amar realmente, e de nós dois veio Jan, meu filho: não há professor que o supere.

Muitas vezes, temos medo de perder. "Mais vale o mal conhecido do que o bem por conhecer", minha avó dizia. Baita mentira! Ame a si mesmo, aceite-se tal como você é, potencialize suas habilidades e lapide seus defeitos; tudo o que desaparecer da sua vida será aquilo de que você não necessita; virão coisas novas que agora você não consegue nem imaginar.

Se, durante meu processo de crescimento pessoal, alguma frase se transformou em um mantra diário, foi esta: "Somos a média das cinco pessoas com as quais mais nos relacionamos." Desde aquele dia em que tive a coragem de me levantar da mesa do bar, tenho consciência disso.

Há menos de uma semana, passei por aquela praça, por aquele bar, justamente pela mesma varanda. Embora possa parecer incrível, lá estavam sentados três daqueles amigos, tomando cerveja e fumando. Passaram-se vinte anos, eles estavam com suas parceiras e dois bebês. Parei para cumprimentá-los, nos abraçamos e colocamos o papo em dia. Estavam mais velhos e com cara de cansados; dois deles apresentavam um notável sobrepeso, e um deles estava sem a metade dos dentes. Logo me veio à cabeça a quantidade de cocaína que ele usava quando era jovem. "Espero que não seja por isso", pensei comigo mesmo.

Eles se interessaram um pouco pelo que eu estava fazendo da vida. Era 22 de abril, então lhes disse que, no dia seguinte, eu teria uma sessão de autógrafos: era dia de São Jorge, e eu tinha acabado de lançar meu segundo livro.

— Uau! Parabéns, Ferran — disse um deles. — Não sabia que você estava tão bem.

— E vocês? Como vão? O que estão fazendo da vida? — respondi, mostrando interesse.

— Aqui com as crianças, a gente vem à tarde e toma umas cervejinhas enquanto elas brincam.

Nós nos despedimos com um caloroso abraço, por todos os anos de infância compartilhados. No caminho para casa, pensei: "Assim como a água, se você ficar parado, estagnará."

Missão impossível

Segundo a PNL, cada palavra é um pacote de informação para o cérebro, e a representação mental que cada um faz dela é diferente.

Falando com Patrícia, me dei conta de que sua imagem mental para a palavra "ansiedade" é ela pequenininha diante do mundo; no meu caso, é minha imagem sofrendo a sensação de aperto no peito.

> Compartilhamos a mesma palavra, mas é muito possível que a imagem que temos da "ansiedade" seja distinta. As palavras são importantes, mas o cérebro interpreta cada uma delas de maneira diferente.

O neurocientista Uri Hasson constatou, em um de seus experimentos sobre o tema, quais partes do cérebro são estimuladas quando nos comunicamos. Ele descobriu que o córtex pré-frontal precisa ser ativado para que possamos entender o significado do que estamos ouvindo. Hasson também verificou que, quando você está contando uma história a alguém, são ativadas as mesmas partes do cérebro que foram ativadas quando você a viveu em primeira pessoa.

Somos capazes de criar os mesmos padrões mentais que nosso narrador por meio da linguagem. Não é incrível?

Da mesma maneira, Hasson concluiu que é mais fácil se comunicar com alguém com quem você mantém um sistema de crenças similar. Nesse contexto, você capta mais rapidamente o que a pessoa diz utilizando menos recursos cognitivos. Digamos que, por preguiça mental ou para otimizar nosso precioso tempo, tendemos a estar com pessoas que acreditam no mesmo que nós. E como aponta Yuval Noah Harari em sua obra-prima *Sapiens*, isso fez com que pudéssemos colaborar como espécie sem que precisássemos nos conhecer, apenas por meio das crenças.

> Talvez seja verdade o que Ferran disse sobre sermos a média das cinco pessoas com as quais passamos mais tempo (e nos comunicamos).

Minha professora de comunicação me dizia que, considerando que cada um tem um mundo interior próprio responsável por fazer com que aquilo que é expresso por meio das palavras esteja banhado em conotações, o difícil é compreender como conseguimos nos entender quando falamos uns com os outros.

São muitos os conflitos interpessoais decorrentes da comunicação; esperamos que o outro entenda tudo o que dizemos ou, às vezes, que adivinhe o que calamos. E com frequência essa má comunicação é o que faz com que nos sintamos sozinhos.

> Com certeza você pode se esforçar mais para se comunicar melhor. Eu o encorajo a se lançar a esse novo desafio.

Lembre-se disto: "O que você comunica é para o outro, não para você." Preciso investigar a realidade do outro para saber "traduzir", me expressar na linguagem que meu interlocutor utiliza; sou eu quem deve assumir a responsabilidade de fazer com que me entendam. Por isso, nas aulas de comunicação, sempre repetiam para nós que faz mais sentido perguntar "Eu me expliquei bem?" do que "Entendeu?" ou "Está me acompanhando?".

Diálogo interno

Por último, gostaria de falar um pouquinho mais sobre o diálogo interno, essa espécie de bate-papo mental que vem de forma imprevisível à nossa cabeça e com o qual muitas vezes nos sentimos pouco à vontade.

Já falamos ao longo do livro sobre o que é a "rede de modo padrão". Essa rede é composta de partes diferentes do cérebro que são ativadas quando, em princípio, não estamos fazendo nada, quando não recebemos nenhum estímulo exterior. É nesse momento que adoramos manter esse diálogo interno. Parece que passamos a metade do dia presos nesses pensamentos que não escolhemos, mas que simplesmente vêm. Ainda não se sabe por que isso acontece, por que nunca conseguimos aquietar nossa mente.

Quando essa rede está ativa, não paramos de lembrar, imaginar e, sobretudo, falar. Passamos 70% do tempo falando de nós mesmos, tendo pensamentos autobiográficos. Ou, melhor dizendo, passamos a maior parte do tempo ouvindo a nós mesmos.

Narramos para nós mesmos os planos futuros, nos lembramos do que aconteceu durante o dia, pensamos nas pendências, imaginamos coisas…, mas sempre é EU, EU, EU. Ora, temos uma mente bastante egocêntrica.

> Acredita-se que isso é importante para que seu "eu" seja construído de maneira contínua: dia após dia, você narra sua biografia, cria sua identidade.

Mas se tudo o que você narra sobre si mesmo é negativo, as palavras que ouve estão impregnadas de um estado de "ansiedade", pois você imagina tudo o que vai afetar seus estados de ânimo, físico e mental.

> As pessoas que passam o dia em *loop* com um diálogo interno negativo apresentam uma alteração em sua rede de modo padrão.

O que posso fazer?

Em vez de pensar "não sou capaz", "sou um idiota", "sou o pior"..., pense: "O que eu diria a um amigo?" É sempre genial colocar-se no lugar do outro, dissociar-se. Assim, o cérebro acredita que aquilo não é com ele, não sente tão de perto. É muito mais fácil ter uma perspectiva. Por isso sempre é mais fácil dar conselhos a um amigo, identificar qual é o seu problema, do que a si mesmo.

Imagine que você se encontre com um amigo, vocês se sentam e ele conta da melhor maneira possível que está há um tempo sofrendo de ansiedade. Ele está muito frustrado e cansado com a situação que está vivendo. Diz que não aguenta mais, que "está impossível" ver uma saída, não se acha capaz de superar. O que você diria a ele? Pense.

Acredite quando digo que tudo muda quando você altera a maneira de falar consigo mesmo. Se você fala com amor e respeito, reconhecendo-se como o mais importante, sua vida começa a se transformar. Você deixa de se machucar, deixa de ser seu próprio inimigo. Faça as pazes consigo mesmo. Comece a prestar atenção a esse diálogo interno. Esse é o primeiro passo.

> Narre as histórias a seu favor, torne-se o "bom" protagonista de sua vida.

Patrícia me explicou outro dia uma coisa de que gostei muito: é bem melhor dizer a si mesmo algo intermediário, algo que você considere mais acessível, como "Algum dia, conseguirei sair da ansiedade", "Tenho chances de ser bom no que eu faço", do que algo extremo em que você não acredita totalmente, como "Eu posso tudo", "Sou o melhor". Esse tipo de frase "positiva" não funciona.

Em vez de dizer "É horrível ter ansiedade", dizer "Eu preferiria não ter ansiedade", mas não ir do oito ao oitenta. Em vez de dizer "Preciso fazer a apresentação de amanhã perfeitamente", troque por um: "Quero fazer a apresentação de amanhã direito, mas se não for bem, não vou morrer." Lembre-se de que os erros são aprendizados! "Com certeza da próxima vez me sairei melhor, não nasci sabendo tudo. Preciso errar para descobrir como fazer melhor da próxima vez."

Eu sempre uso o mesmo exemplo:

> Não é verdade que é impossível que uma criança pequena aprenda a andar sem cair muitas vezes? Pense a mesma coisa a respeito de tudo de novo que você não está acostumado a fazer.

O segundo passo é saber a importância de fazer perguntas em vez de formular frases definitivas do tipo "Não sou capaz". Em vez de afirmar ou negar a si mesmo algo como uma sentença fechada, tente fazer perguntas do tipo: "Como eu poderia me tornar capaz?" No seu caso, você pode dizer a si mesmo: "Como eu poderia sair da ansiedade? Que passos estão em minhas mãos agora que eu sei tudo o que sei?" Eu adoro essa abordagem: questionar mais do que sentenciar.

> O cérebro sempre tende a querer responder às perguntas que fazemos, ele as guarda na "memória de trabalho" e tenta encontrar uma resposta.

Por isso, também é importante observar qual tipo de pergunta eu me faço para não sair frustrado.

Não se pergunte "Por que sou tão burro?", tente ir mais para o lado do: "Como posso fazer melhor da próxima vez?" Observe o que você diz a si mesmo, não seja tão categórico. Transforme "Sou burro" em uma pergunta que desperte no cérebro a maneira de solucionar aquilo que o preocupa.

Utilize o precioso tempo que você passa se ferindo e se fazendo de vítima para colocar as mãos na massa. Nesse momento, você pode dizer: "Certo, o que passou, passou. Não posso fazer nada. Mas o que posso fazer agora para melhorar?" Aqui está de novo uma pergunta que fará com que o cérebro queira buscar a solução. Discutir com seu parceiro, por exemplo, é sempre uma perda de tempo; é muito melhor: "Certo, como vamos resolver isso? O que podemos fazer para que isso não aconteça novamente?"

Lembre-se de que, se não conseguir pensar em quais perguntas fazer a si mesmo, você pode pensar em quais poderia fazer à sua amiga para melhorar a situação dela. Nesse momento, sua mente se abrirá para encontrar soluções, não para gerar problemas. Seu foco de atenção mudará.

Quando nos fazemos perguntas, o cérebro precisa respondê-las instantaneamente, pois ele não gosta da falta de controle. Você está colocando sua zona de influência para trabalhar.

> Responsabilize-se pelas mudanças, não deixe tudo por conta do universo ou de uma força superior que o ajude do além.

11

O cérebro das pessoas felizes

O GYM E O NHAM

Há poucos anos, me senti tão poderoso por ter superado a ansiedade que me vi vencedor em tudo. Por meio de todas as ferramentas que tinha aprendido em meu processo, comecei a tentar sentir felicidade em cada segundo de minha vida. Já lhe adianto que isso é impossível, e percebi realmente rápido o porquê.

A questão é que como eu tinha lido e estudado a teoria da programação neurolinguística, comecei a aplicá-la em minha vida. Dizia coisas bonitas para mim mesmo o tempo todo, trabalhava com ancoragem; eu me lembro de que, toda vez que olhava o relógio, dizia: "Eu me aceito do jeito que eu sou." Também comecei a aplicar a teoria do sorriso forçado. Passava o dia inteiro com um sorriso nos lábios: segundo os textos sobre o tema, o cérebro interpretaria que eu estava feliz. Sinceramente, tudo isso ajuda bastante; para mim, funcionou muito bem. Ganhei em autoestima, segurança e felicidade. No entanto, daí a estar permanentemente feliz há um longo caminho.

Na fase em que estudei taoísmo e medicina chinesa, entendi o porquê. Aprendi a teoria do yin e yang, ou, como li uma vez em um meme sobre o equilíbrio entre alimentação e atividade física, a teoria do "gym e nham". Acredito que o meme consiga explicar por si só como essa teoria funciona no nível básico. Trata-se de uma teoria dualista, ou seja, não há branco sem preto, não há alto sem baixo, não há dia sem noite. Da mesma maneira, não há felicidade sem tristeza. O segredo está no equilíbrio.

Era uma noite de primavera quando tive a coragem de pegar uma mochila com minha roupa e sair de casa. Foi um dia muito triste e possivelmente a melhor decisão de minha vida. Mesmo sabendo que uma relação não funciona e duas pessoas não se amam, quando há filhos envolvidos tudo se complica. Naquele dia, no entanto, decidi que seria a última vez que eu aguentaria um abuso. Falarei sobre esse tema em outra ocasião. Pensei muito, durante quase um ano, em como enfrentar essa situação, até que cheguei à conclusão de que o melhor para minhas filhas era que elas tivessem um pai feliz, no qual pudessem se espelhar e com quem pudessem crescer seguras. Permanecer naquela relação fazia com que eu fosse o contrário, então superei todos os medos e dei aquele passo.

Um mês depois de sair de casa, pouco a pouco comecei a ficar com as meninas gradualmente, e minha vida foi se organizando. Foi uma libertação sair daquela prisão que eu mesmo havia me imposto por causa de minhas antigas crenças, mas juro que me lembrei daquela cena em que a orca Willy salta por cima da barreira em direção à liberdade. Essa sensação de felicidade não é suficiente se você não conhece uma tristeza do mesmo nível. Se você não estiver disposto a se sentir triste, nunca conhecerá a felicidade. O mesmo acontece com o medo: se você não se atrever a senti-lo, jamais poderá experimentar o que é ser valente. Hoje em dia, quando algo me dá medo, meu primeiro pensamento é: isso é uma oportunidade nova para crescer, e imediatamente vou atrás dela. Assim, me dei conta de que pode ser que a felicidade seja ter objetivos e superar os obstáculos para conseguir alcançá-los. Simples assim, mas essa é só minha visão.

Felicidade: que nome bonito você tem

Você não acha curioso que uma mesma situação possa ser vivida de maneira diferente, dependendo da pessoa? Por que algumas pessoas respondem com curiosidade e outras com medo a uma novidade?

Falamos de como é importante mudar nossas crenças para assim podermos interpretar a realidade de maneira diferente. Vimos que há um período de tempo no qual podemos decidir entre reagir (nos deixar levar principalmente pela amígdala) e responder (usar nosso córtex pré-frontal), o que é crucial para sabermos controlar e gerenciar as emoções.

> Graças à neuroplasticidade, você pode fazer uma mudança em suas crenças irracionais, controlar os impulsos que o levam aos prazeres imediatos e ao mal-estar posterior, aprender a obter sua melhor versão e superar a ansiedade.

Como tudo nessa vida, isso requer constância, determinação e prática. Espero que este capítulo o inspire e motive não só a sair da ansiedade, como também a conseguir esse cérebro "feliz" pelo qual as pessoas tanto anseiam.

Para mim, sinceramente, a palavra "felicidade" pode causar muita pressão. Somos bombardeados por instantes de suposta felicidade nas redes sociais, só vemos rostos sorrindo, vidas em que aparentemente todos são felizes. É claro que a alegria contagia, e não acho ruim que as pessoas mostrem esse lado, mas também gosto de ter consciência de que essa é só uma face das muitas que temos.

> Se "felicidade" é sinônimo de "alegria", sabemos que essa emoção é um estado de excitação, mas não é um sentimento que você consegue manter o tempo todo dentro de si.

Na maior parte do globo terrestre, vivemos uma das eras de paz mais longas da história. Entretanto, em 2020, eclodiu a pandemia; as taxas de suicídio e os casos de ansiedade aumentaram em todo o mundo. Então, o que é que nos traz felicidade?

Para mim, ser feliz é sentir que estou confortável com minha vida e comigo mesma. E o que é estar seguro e em paz?

Os cientistas medem a felicidade segundo o grau de bem-estar subjetivo que uma pessoa sente.

> Essa felicidade não é alcançada quando temos muito dinheiro, saúde ou amigos. Ela depende mais da correlação entre as condições objetivas e as expectativas subjetivas.

Se alguém quer uma casa em Miami e consegue ter uma casa em Miami, fica contente. Se alguém deseja o último modelo da Ferrari e consegue apenas um Fiat de segunda mão, assimila isso como uma perda. Precisando de menos, é mais fácil ser feliz.

Quando a diferença entre o que eu quero que aconteça e aquilo que eu realmente tenho é pequena, meu bem-estar subjetivo aumenta. De fato, a diferença no cumprimento das expectativas pessoais e sociais e o que percebemos como conquista é considerada um dos grandes estressores.

> Segundo a OMS, o conceito de qualidade de vida é definido como "a percepção que determinado indivíduo tem de sua inserção na vida, no contexto da cultura e do sistema de valores nos quais ele vive e em relação aos seus objetivos, expectativas, padrões e preocupações".

Receita para um cérebro feliz

Cem gramas de aceitação do presente

Abrace tudo o que há em você, gostando de primeira ou não. Todas as emoções podem ser vistas como úteis, todas o ensinam ou preparam para algo. Opor resistência, tentar não transitar pela dor ou evitar o medo faz com que você não o aceite e que, portanto, não consiga gerenciá-lo.

Parece que paz e ansiedade são antônimos, não é verdade? Uma vez, Ferran definiu a ansiedade para mim como "uma má gestão do estresse". Saber gerenciar o estresse, o medo, é a chave para obter esse estado de calma em que nos sentimos "felizes".

Uma pitada de resiliência

Algumas pessoas são mais resilientes do que as outras? Isso depende da personalidade de cada um. A personalidade é o que faz com que cada indivíduo seja único e diferente, e dentro dela podemos distinguir o temperamento e o caráter.

O temperamento é a parte da personalidade que tem uma origem genética e, portanto, é razoavelmente estável ao longo da vida.

O caráter, por outro lado, vai se formando com os anos por meio das experiências vividas, que atuam nas conexões neurais que vão se estabelecendo.

Há uma frase nas *Meditações* de Marco Aurélio que diz: "Aceite o que pode dominar e deixe ir o que não pode controlar."

A parte que você não pode controlar é a "genética" (40%), enquanto aquela que você pode dominar é a "neuroplástica" (60%). Como pode ver, você tem mais chances de mudança do que de permanência, aproximadamente 20% a mais. Não é nada mau.

Duas xícaras de identidade

Temos 60% de margem para nos formarmos por meio das coisas que fazemos, que lemos, que escutamos, que sentimos, para forjar nosso caráter mediante a interação com o mundo, a interpretação que temos das coisas. O dia a dia molda o cérebro graças à neuroplasticidade.

Aquilo que sentimos libera uma neuroquímica no corpo. Se tendemos a repetir os mesmos padrões, por exemplo, preocupar-nos, sentir ansiedade ou medo, isso faz com que sempre seja liberada a mesma neuroquímica no corpo e, ao fim, nos tornamos viciados nela.

Quando você tenta modificar suas crenças, tornar seus pensamentos positivos ou, inclusive, mudar sua identidade, muitas vezes encontra resistência e não sabe por que não consegue fazer essa transformação. Isso acontece porque seu corpo está na "abstinência". Você passou tanto tempo se sentindo com ansiedade que, quando muda, o corpo lhe pede essa "droga" que está faltando. Mas assim como ocorre com o tabaco, sair disso e romper esse círculo vicioso é possível.

Quatro colheradas rasas de atrevimento

Quanto mais rotineiros forem seu entorno e suas vivências, mais você reviverá sempre as mesmas lembranças e sensações. Sua mente se transforma em sua própria prisão de pensamentos e sentimentos repetitivos.

Sair dela depende de você. A chave está em aproveitar a neuroplasticidade do cérebro, ou seja, buscar novas experiências e conhecimentos para ampliar sua prisão, sua identidade, e assim poder acessar novos padrões de pensamento e conduta. Mesmo que dê medo!

O cérebro interpretará como uma ameaça qualquer coisa que altere essa comodidade. Sua mente e seu corpo buscarão desculpas para manter o estado de sempre. É melhor programar o que você quer fazer, marcar um lugar e uma hora, ou criar um padrão. Se você se levantar pela manhã e não tiver nada programado, procurará uma desculpa para não fazer ou para adiar o que deveria fazer. Sem as mudanças, não há evolução; sem sair da zona de conforto, não há expansão. Se você se atrever a viver novas experiências, a acolher novas situações, aceitando que o medo aparecerá, mas não deixando que ele o bloqueie, criará novas conexões (mais difíceis no começo, claro) que permitirão que você siga aprendendo, que siga crescendo.

Se quer se atrever a fazer mudanças ou potencializar alguns aspectos mais do que outros em você, meu conselho é que decida isso conscientemente para que a transformação possa ocorrer, porque, como já vimos, se você não toma uma decisão, deixa-se levar no modo zumbi e acaba no mesmo ponto uma vez mais.

Senso de humor a gosto nunca é demais

Este ano, no meu aniversário, recebi um convite para assistir à peça de teatro humorística de meu amigo Dani Amor, *La gran ofensa*. Na peça, são questionados os limites das piadas. Aparentemente, rir de si mesmo é algo bem aceito socialmente, enquanto zombar das desgraças dos outros é considerado muito desrespeitoso. Sem querer entrar nesse debate, havia uma mensagem final que eu adorei (sinto muito pelo spoiler): "O humor ajuda a superar as coisas difíceis da vida."

> Martin Seligman considerava o humor uma característica essencial das pessoas resilientes. É que o senso de humor é considerado um indicador de saúde mental.

Walter Riso, em seu livro *A arte de ser flexível*, comenta que as pessoas que têm uma mente rígida pensam que seus conhecimentos, seus pensamentos e suas crenças são a autêntica sabedoria, a verdade absoluta. São pessoas que se levam a sério demais e parecem ter medo da alegria. Ele acrescenta: "Para esses indivíduos, a gargalhada é uma manifestação de mau gosto; a brincadeira ou a piada, um sintoma de superficialidade, e o humor, em geral, um escapismo covarde dos que não são capazes de ver o quanto o mundo é horrível."

Uma mente rígida, entre outras muitas coisas, gera um alto nível de estresse, baixa a tolerância à frustração, eleva o nível de angústia pela falta de controle total das coisas, dificulta a tomada de decisões e provoca deficiência na resolução de problemas, além de alterações laborais, sexuais, afetivas e outras, porque toda pessoa rígida busca um perfeccionismo inalcançável. Elas têm medo de cometer erros, medo da mudança e dificuldade de crescimento pessoal.

> "As mentes rígidas preferem fazer bem a se sentir bem."
> WALTER RISO

Quando você sorri, ainda que de maneira forçada, envia uma mensagem ao cérebro, por meio do nervo vago, de que tudo está bem, segregando, assim, muitos dos neurotransmissores da felicidade: endorfinas, dopamina e serotonina. Rir prolonga a vida, melhora o sistema imunológico, equilibra a pressão arterial, faz com que você sinta menos estresse e ansiedade, contagia os outros com felicidade, estimula as pessoas a confiarem mais em você. Só benefícios, não acha?

Misturar bem empatia, amabilidade e gratidão

Quando nos colocamos no lugar do outro, são ativadas diferentes partes do cérebro (o que alguns chamam de "teoria da mente"), entre as quais aquelas que fazem parte do sistema de recompensa. Ser empático com o outro nos dá prazer.

Apesar disso, tendemos a ser bastante egoístas. Em um estudo, foram mostrados a alguns participantes vários tipos de símbolos em uma tela, e eles tinham que apertar uns ou outros para descobrir quais davam mais recompensa. Depois, o experimento seguia de maneira que, apertando outros símbolos, eles faziam com que outras pessoas também recebessem uma gratificação. Pois bem, constatou-se que as pessoas aprendem a obter recompensas para si mesmas antes do que para os demais.

Quando os participantes ajudaram outras pessoas, foi possível comprovar quais partes do cérebro foram ativadas, entre elas o córtex cingulado anterior, que, como vimos no capítulo sobre meditação, serve de ponte entre a parte mais inconsciente (amígdala) e a consciente (córtex pré-frontal), além de estar associado à via de gratificações.

> Sentimos prazer quando ajudamos o outro, quando pensamos no outro.

De fato, no mesmo experimento, aquelas pessoas que diziam sentir mais empatia foram as que mostraram essa parte do cérebro mais ativa.

Uma pitada de amor

Também vimos que o amor é o antídoto contra o medo. Quando estamos rodeados pelas pessoas que amamos, a atividade da amígdala é reduzida. No mundo da neurociência, muita coisa sobre o amor é desconhecida, mas vale a pena comentar o pouco que se conhece. Comecemos diferenciando a paixão, a atração sexual, o afeto e o amor romântico.

Quando você está apaixonado, seu sistema de recompensa é ativado, você é inundado pela dopamina, sente muito prazer. Nesse momento, realmente o amor é como uma droga, você quer sempre mais. Ao que parece, no nível cerebral, a amígdala é desconectada, você não sente medo daquela pessoa nova que está conhecendo, e, ao mesmo tempo, a atividade do córtex pré-frontal diminui – ou seja, você não está mais em suas plenas faculdades cognitivas. Por isso, durante a paixão, nos comportamos de maneira irracional. O curioso é que, nessa primeira fase do amor, os níveis de cortisol costumam subir e a serotonina diminui.

Depois, durante a fase de assentamento desse amor, o qual chamaremos de amor romântico, a amígdala, o córtex pré-frontal e os níveis de cortisol e serotonina se normalizam. E de bônus, ao que parece, os níveis de ocitocina e vasopressina aumentam. Todas essas substâncias fazem com que você se sinta à vontade e em paz.

Conectar-nos com os outros é o melhor anti-inflamatório natural que podemos usar.

Três colherinhas de chá de otimismo

O pessimista passa o dia todo preparado para o pior e acaba fazendo com que muitas de suas autoprofecias se cumpram. O otimista vê oportunidades, esperança em tudo o que acontece com ele, enfatiza e dá atenção ao lado bom das coisas.

> Segundo a neurocientista Tali Sharot, nossa tendência natural é ser otimista: "O viés otimista está presente em quase 80% da população", garante.

No capítulo 8, não falamos sobre esse viés; eu o estava guardando para a ocasião certa.

> O viés otimista nos faz acreditar que temos menos probabilidade de passar por coisas negativas do que realmente temos.

Por exemplo, não achamos que vamos ter contratempos durante o dia, e isso faz com que nosso planejamento possa ser prejudicado e surja a ansiedade. Por isso, para um pessimista, um otimista não está sendo "realista", o que em parte é verdade, mas ter esse viés, se você sofre de ansiedade, pode ser muito positivo, já que foi comprovado que ver o mundo de maneira otimista reduz muito o estresse e é excelente para a saúde mental e física.

* * *

Misture bem tudo isso, coloque no forno por uns dias e você verá o que acontece em seguida.

A neuroquímica da felicidade

Há muitas pessoas que falam sobre o quarteto da felicidade: serotonina, ocitocina, dopamina e endorfinas. Temos falado delas ao longo do livro.

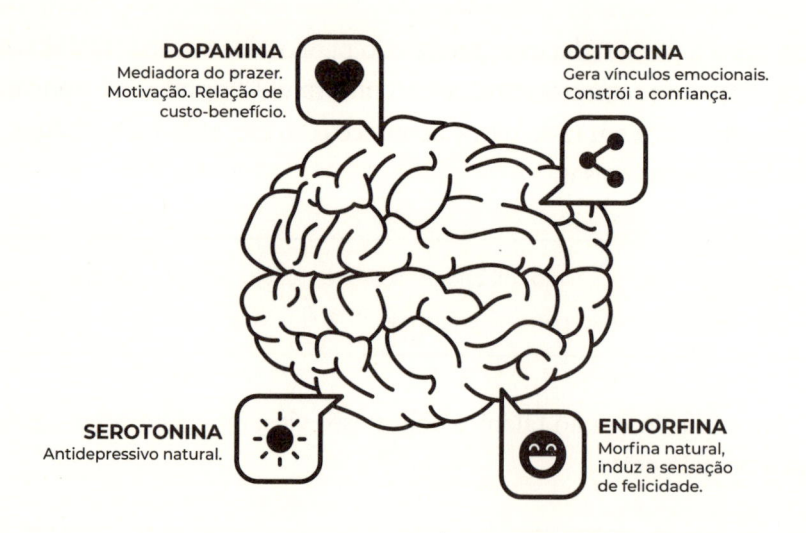

DOPAMINA
Mediadora do prazer. Motivação. Relação de custo-benefício.

OCITOCINA
Gera vínculos emocionais. Constrói a confiança.

SEROTONINA
Antidepressivo natural.

ENDORFINA
Morfina natural, induz a sensação de felicidade.

Endorfinas

Talvez as endorfinas sejam os hormônios mais mencionados quando se fala em esportes. Trata-se do neurotransmissor liberado quando praticamos exercícios, que diz respeito à euforia e à sensação de bem-estar produzidas, por exemplo, quando acabamos de correr uma maratona. As endorfinas também são liberadas quando realizamos outros tipos de atividades que produzem prazer, como comer doces ou rir. Elas são conhecidas como morfina natural, são os analgésicos do cérebro, ajudam a diminuir a dor física, à qual você se torna menos sensível.

Ocitocina

Já falamos da ocitocina anteriormente quando nos referimos ao amor e ao vínculo entre mãe e filho. É o hormônio do "abraço", do contato físico e social. É como um ansiolítico que nos acalma e nos faz sentir à vontade, gera estados de confiança. Para produzi-lo, passe um tempo com pessoas que o amam.

Serotonina

A serotonina, comumente chamada de "hormônio da felicidade", está muito relacionada a um bom estado de ânimo e é um antidepressivo natural. A maior concentração de serotonina se encontra no intestino.
Por isso, acredita-se que conseguimos grande parte dela com uma boa dieta. Apesar disso, esse hormônio também é segregado por meio da realização de atividades que nos fazem sentir bem, como praticar ioga, ouvir música ou sair para passear na natureza.

Dopamina

A dopamina, como vimos, tem dois lados. O bom é que, graças a ela, nossa motivação pelas coisas aumenta, ela nos ajuda a buscar os pequenos prazeres da vida e a desfrutá-los. O ruim é que, às vezes, ela faz com que decidamos por prazeres momentâneos e nos esqueçamos das repercussões de longo prazo.

> Para encher o cérebro com esse quarteto da felicidade, você só precisa fazer tudo o que comentamos na segunda parte do livro, tudo o que, na verdade, você já sabe. Aquilo que faz com que você fique confortável consigo mesmo.

Ter um bom estilo de vida, comer bem, descansar bem, fazer exercício, afastar-se das telas, caminhar na natureza, meditar, rir, tomar sol, ouvir música e manter boas relações sociais. Se você adiciona a isso ser empático e bondoso com os outros, melhor ainda. E se tiver em mente um projeto que o motive e lhe dê uma perspectiva, segregará ainda mais neurotransmissores ;). Acredito que Ferran esteja cheio deles.

Neuroprodutividade

Para não deixar a dopamina com uma reputação tão ruim e para que você entenda um pouco melhor a utilidade dos hormônios do estresse, vou falar por último do que poderíamos chamar de "trio da produtividade".
    Trata-se dos três neurotransmissores que foram identificados em pessoas que experimentam um estado de "fluidez". Nesse estado, você permanece concentrado naquilo que precisa fazer, mas ao mesmo tempo está aproveitando, encontra-se à vontade.
    Acredita-se que a causadora desse estado seja a dopamina, porque é ela que lhe dá um empurrão para que você comece a fazer o que deve. Se perceber que lhe falta dopamina, motivação ao trabalhar ou para fazer o que quer, produza esse hormônio você mesmo presenteando-se com uma recompensa quando terminar certa tarefa.
    Depois vem a noradrenalina. Lembra dela? Pois bem, manter-se um pouco alerta, vigilante, atento ao que faz, é necessário para não cair na procrastinação. (É fato que, quando não queremos fazer uma tarefa, são ativadas as mesmas partes do cérebro de quando sentimos um mal físico, a ínsula, e por esse motivo procrastinamos.) Por isso, as pessoas funcionam tão bem com prazos, porque, desse modo, esse neurotransmissor aumenta, dando o impulso necessário para sair da zona de conforto e poder terminar a tempo.
    Por último, há a acetilcolina, o neurotransmissor que é liberado majoritariamente quando o nervo vago é ativado. Ela está envolvida em processos como a atenção, a memória e a aprendizagem. Déficits de acetilcolina ou danos no sistema colinérgico afetam essas funções.
    A neurocientista Friederike Fabritius criou este quadro sagaz no qual a ideia é muito bem representada:

DIVERSÃO	MEDO	ATENÇÃO
dopamina	*noradrenalina*	*acetilcolina*

12

Coisas que você pode fazer

Durante todo o livro, expliquei conceitos e técnicas que você pode aplicar para se sentir melhor e conseguir esse estado de paz, de conforto, pelo qual tanto ansiamos. Neste último capítulo, acrescento aqueles que funcionam para mim pessoalmente e que, por uma ou outra razão, não pude comentar antes.

Copiar é ótimo

Se você tem dificuldade de ser otimista, uma das ferramentas que funcionam para mim é pensar como uma pessoa do meu entorno faria (Ferran é uma das que utilizo como exemplo). Com certeza você conhece alguém próximo que possa ser útil. Eu me pergunto: O que ele pensaria sobre essa situação? Seguir pessoas que me inspiram, seja ouvindo-as falar em podcasts ou lendo seus posts no Instagram, também me ajuda. Ou você pode ler livros de autoajuda para elevar seu estado de ânimo e ver a vida de maneira mais otimista.

Registre seus pensamentos

Escrever melhora os mecanismos de aprendizagem e memória, o controle da atenção e a consciência. Organiza sua mente. Aumenta a flexibilidade cognitiva (a capacidade de dar respostas diferentes diante de um mesmo problema). Também favorece o controle emocional e diminui o estresse e a ansiedade. Desenvolve a empatia e a consciência na tomada de decisões. Além disso, escrever pode ajudá-lo a desabafar e relaxar.

Equilíbrio entre divagar e estar atento

O cérebro pode estar em dois modos: ativo ou relaxado. Podemos estar em modo concentrado, atento, fazendo aquilo que temos que fazer, ou em modo mais relaxado, quando a rede de modo padrão é ativada e a cabeça começa a sonhar, a divagar. Bem, começamos a viajar.

> Se você sofre de ansiedade e tem muito tempo livre, pode acontecer de esse diálogo interno (as ruminações, os pensamentos recorrentes) se intensificar, o que agrava a ansiedade.

Vimos que é necessário fazer intervalos de descanso quando estamos trabalhando, pois entrar nesse modo de sonho acordado regenera o cérebro; também comentamos que isso promove a criatividade, já que lhe permite associar ideias que, em princípio, parecem não ter relação, ajudando-o a resolver problemas. Além disso, vimos que, se sofremos de ansiedade e passamos muito tempo divagando, o bate-papo mental que ocorre em nossa cabeça não nos fará muito bem até que comecemos a pensar de maneira mais benéfica para nós. Já vimos que as pessoas que sofrem de depressão têm essa rede de modo padrão alterada.

A motivação

Quando estamos motivados, liberamos, sobretudo, dopamina e serotonina (neurotransmissores do prazer e da felicidade), podendo, assim, desfrutar do processo.

Tenha claro o seu objetivo (mudar aquilo que precisa para se sentir melhor).

> Lembre-se de como você se sentirá e de como será sua vida depois que conseguir fazer essa mudança. Mantenha sua motivação.

É normal que, durante o processo para sair da ansiedade, você se sinta desconfortável, com medo, se equivoque e fracasse algumas vezes. Isso é totalmente normal e necessário. Aprender algo novo consiste nisso, no fim das contas. A motivação fará com que cada passo fique mais integrado dentro de você e assim será mais fácil e rápido atingir seu objetivo.

> "O tempo não cura, o que cura é o que você faz com o tempo."
> EDITH EGER

AS JANELAS DE OPORTUNIDADE

Em uma manhã como tantas outras, me dirigi ao número 1 da rua Milton em busca do meu refúgio favorito da cidade para trabalhar. Lá, está localizada uma pequena casa de chá na qual a paz e o chá me acompanham em minhas longas jornadas de trabalho. Isso tem uns dois ou três anos, agora não lembro bem.

Quase sempre chego assim que o lugar abre, então costumo ser o primeiro a me sentar. Naquela manhã, pedi um chá verde japonês e comecei a trabalhar. Fazia uns anos que eu coordenava o projeto *Bye bye ansiedad*, e havia algumas semanas eu tinha começado a escrever um livro. Queria organizar minha experiência com a ansiedade, para que todo mundo pudesse se beneficiar dela, e contar as centenas de histórias que conheci coordenando o meu curso.

Enquanto eu digitava páginas e páginas de ideias, a casa de chá se enchia de amantes da bebida que iam compartilhar uma boa xícara. De repente, um rapaz se sentou bem na mesa ao lado. Seu rosto era familiar. Era Francesc Miralles, o famoso escritor que se dedicava ao tema do crescimento pessoal. Eu tinha lido algumas de suas obras, entre elas o best-seller *Ikigai*, um livro que me ajudou muito quando decidi me dedicar ao que faço agora.

Meu eu ansioso teria visto Francesc tão de perto e não teria feito nada, simplesmente teria visto aquele trem passar de longe. No entanto, fazia três anos que minha ansiedade já estava mais do que superada e meus medos só estavam ali para me ensinar o verdadeiro caminho que eu deveria seguir. Então fui até sua mesa.

— Com licença, você é Francesc Miralles? Eu adorei seu livro sobre o *Ikigai*.

Não me lembro se ele me respondeu ou se simplesmente me olhou com cara de "Vamos ver qual é a desse cara", mas, conhecendo-o como o conheço agora, o mais provável é que tenha sido muito amável e me dado abertura. Depois de falar um pouco sobre seu livro, fui além.

— Estou escrevendo um livro. Você poderia me dar um conselho?
— Sobre o que está escrevendo?
— Sobre ansiedade. — E depois resumi minha história para ele.
— Podemos nos encontrar amanhã aqui para dar uma olhada.

Essa era a resposta que eu menos esperava de um best-seller como ele. Mas naquele momento não me surpreendeu. Com os anos, Francesc me ajudou em todo o processo com os livros e, na vida em geral, é um professor para mim. Sei que, cada vez que me encontro com ele para tomar um chá, tenho novos aprendizados.

Naquele dia, pude comprovar que há janelas que se abrem de vez em quando e que depois se fecham. Se você não aproveita quando elas estão abertas para atravessá-las, perde uma oportunidade. O medo o impede de olhar através delas e o faz acreditar que todas estão fechadas a sete chaves. Acredito que este livro pode ser uma dessas janelas, então não a deixe passar.

Nestas últimas páginas, eu me propus a resumir o livro e, no início, me pareceu muito difícil comprimir tanta informação em poucas linhas. Contudo, à medida que vou pensando no assunto, me parece cada vez mais fácil.

Se você quer parar de sentir ansiedade, enfrente seus medos. Agora você já sabe que é possível. Já sabe como conseguir fazer isso. Trabalhe com hábitos, tenha uma vida saudável, aplique as ferramentas que Sara explicou ao longo do livro e verá como, no fim, a ansiedade desaparece.

Lembre-se de que por trás do medo está tudo de maravilhoso que você ainda tem que viver: encontrar um par, encontrar seu propósito na vida, ter filhos, dar a volta ao mundo, abrir um negócio, ficar milionário, escrever um livro, fazer um filme, talvez a próxima série de sucesso...

Ou coisas muito mais simples; às vezes, a felicidade não precisa ser algo tão do tipo "sonho americano". Você também pode estabelecer objetivos como: ter mais tempo para si mesmo, ficar tranquilo em casa, aproveitar um passeio na montanha ou simplesmente ler um bom romance. As coisas que o fazem feliz ou o movem no dia a dia serão aquelas pelas quais você terá que lutar. Aquilo que você se propuser a fazer se tornará realidade depois que você superar a ansiedade e aplicar o que o levou a vencê-la a qualquer objetivo de sua vida. Por isso, este livro se chama *O cérebro das pessoas felizes*. Na realidade, foi minha esposa, Elva, quem escolheu o título, sou péssimo nisso. Mas a questão é que o livro cumpre nosso propósito inicial, que é ajudá-lo a superar a ansiedade e a deixar de vê-la como um fracasso em sua vida. Da mesma maneira, mostra a fórmula para ser feliz.

    Se você está interpretando o fato de ter ansiedade como um fracasso e não encontra a porta da felicidade, esta é a chave que o ajudará a compreender o que o motiva a viver. Todos e cada um dos seres humanos fracassam, e se isso ainda não aconteceu com você, não se preocupe, vai acontecer. Se alguém ao seu redor garante que nunca falhou, isso é sinal de que essa pessoa não está tentando alcançar seus objetivos com a mesma força que você e, portanto, já fracassou antes de começar. O fracasso sempre nos ajuda a encontrar o caminho. Então, se a ansiedade é fracasso, que seja bem-vinda.

    Se você acha que tem ansiedade porque não é capaz de fazer aquilo a que se propõe, uma vez que lhe disseram muitas e muitas vezes "você não consegue", "você não é bom" ou "você poderia ter feito melhor", mande à merda todas as pessoas que fazem esses comentários. Se você tem um objetivo, deve ir atrás dele. E se você não sabe que meta deve estabelecer, é porque o medo o impede. O que você faria se não tivesse medo? Pense que todos aqueles com quem você cruza na vida e que lhe falam essas frases fazem isso porque eles mesmos não conseguiram; fazendo com que os outros se sintam como eles, se sentem melhor. Não deixe que ninguém ganhe essa batalha de você. Se quer conseguir algo, simplesmente lute por isso. Se quer esquecer a ansiedade, não lhe falta informação, você só precisa começar hoje.

    Esforce-se; do contrário, não há recompensa. Toda vez que você sentir que está se esforçando para superar o medo, estará valorizando sua vida. Durante todos esses anos acompanhando pessoas como você a sair da ansiedade, eu me dei conta de que a única coisa que falta para a maioria delas é entender que é necessário se esforçar para conseguir e que precisam começar hoje, porque amanhã elas não o farão. Como dizia o grande mestre Yoda: faça ou não faça; tentativa não há.

No fim, pense que, se você lutou vinte vezes contra ansiedade, é possível que ela o tenha vencido dezenove. Todavia, a partir de agora, você vai ganhar a batalha número vinte. Porque, por fim, você se envolveu pessoalmente no processo e é seu destino conseguir essa vitória, não há outra opção.

Eu gostaria de lhe dizer uma última coisa. Durante essa luta e pelo resto de seus dias, aproveite a vida, os preciosos momentos que ela oferece. Sorria em todos eles, expresse suas emoções e compartilhe com aqueles que você ama tudo aquilo que acontece com você. Não deixe que nada apodreça em seu interior. Mantenha seus sonhos vivos, eles o ajudarão a superar esse obstáculo; quando tiver conseguido, use tudo o que a ansiedade ensinou para fazer com que seus sonhos se tornem realidade. Nesta vida, o único a quem você tem que demonstrar algo é a você mesmo. Anime-se! E se ainda não aprendeu nada, recomece o livro. Quando se sentir preparado, aja. Agora só depende de você.

Já não há desculpas; não há segredos. A partir de hoje, a ansiedade deve fazer parte de seu aprendizado de vida, não de seu dia a dia. Nós nos vemos do outro lado.

Para resumir

Nesta parte final do livro, eu gostaria de fazer um resumo de tudo o que foi falado na forma de uma lista de tópicos, a partir de ideias básicas que acredito que precisam ficar muito claras para que você consiga alcançar seu objetivo. Resumi por partes e por temas; assim, se algum dia você precisar se lembrar desses conceitos, a busca será mais simples.

Resumo da primeira parte

Sobre o cérebro e tudo aquilo que entra em jogo quando sofremos de ansiedade

- A última evolução de nosso cérebro ocorreu há uns 100 mil anos.
- O cérebro ainda não teve tempo de se adaptar a todas as mudanças tão vertiginosas que vivemos nos últimos cem anos (telefones celulares, computadores, telas de plasma, internet...).
- O estresse é a resposta natural associada ao medo que o organismo ativa diante de uma ameaça e que nos ajuda a responder da melhor maneira possível frente a um desafio ou perigo.
- A ansiedade é um mecanismo adaptativo, de sobrevivência, que faz com que a atividade mental aumente para encontrar a melhor solução diante do desafio, além de melhorar a atenção, a capacidade e a velocidade de decisão, fazendo-nos reagir rápido diante da ameaça, sem pensar muito.
- Diante da ameaça, tudo o que recebemos de nossos sentidos é processado na amígdala, que manda um sinal ao hipotálamo, o qual manda um sinal à hipófise, que manda outro às glândulas adrenais, que segregam adrenalina, noradrenalina e cortisol.

- Todas essas funções fazem com que o corpo se prepare para atacar, lutar contra a ameaça ou fugir.

Sobre as emoções e o que o cérebro produz

- Em geral, nos sentimos estressados quando pensamos que não temos os recursos necessários para enfrentar uma situação.
- Ser exigente demais consigo mesmo ou procurar ter tudo sob controle são ações naturais do cérebro, já que garantem a sobrevivência.
- A ansiedade generalizada ou transtorno de ansiedade é definida como um estado de alta tensão prolongado no tempo que surge na ausência de uma ameaça imediata ou aparente.
- Estar intoxicado de cortisol é o que, em longo prazo, pode prejudicar mais o organismo, já que o sistema imunológico é bloqueado e acabará se deteriorando, o que fará com que você tenha mais probabilidade de padecer de alguma enfermidade.
- Quando você sofre de ansiedade, a emoção que domina o corpo é o medo, então suas decisões são canalizadas basicamente por ele.
- O fato de você decidir tudo por meio de impulsos o leva a cair nos piores hábitos para o corpo e para o cérebro.
- Enquanto nos encontramos nesse estado de ansiedade, buscamos a satisfação em curto prazo, motivados, em grande medida, pela busca do prazer e da fuga da dor.

Sobre a neuroplasticidade

- O cérebro é mutável, podemos continuar aprendendo e moldando-o em qualquer idade.
- Quarenta por cento do que você é já vem determinado geneticamente.
- Os neurônios não se reproduzem porque, se todos os dias nascessem muitos novos, você acabaria perdendo aquilo que o faz se sentir estável, sua identidade, esse "eu" contínuo que você percebe como imutável.

- Uma parte dessa rede vem predeterminada pela maneira como nossos pais ou nossa família são, por herança. Mas o restante é formado a partir da experiência vivida na escola, da educação, da cultura, dos amigos, dos parceiros...
- Se seus pais sofrem de ansiedade, você tem de 30% a 40% de probabilidade de que esse seja o seu caso também. Você tem mais risco, mas isso não é condicionante.
- O fato de você repetir muito um pensamento ou conduta faz com que umas conexões sejam mais reforçadas que outras.
- O cérebro interpreta como real aquilo que pensamos; se eu pensar continuamente na mesma coisa ou da mesma maneira, esses neurônios serão ativados sempre juntos e acabarão reforçando muito suas conexões.
- O cérebro é preguiçoso, não quer realizar aquilo que lhe dê trabalho. Além disso, gosta sempre de fazer a mesma coisa por motivos de sobrevivência.
- O cérebro prefere sobreviver a ser feliz.
- Se você não deixar de se preocupar constantemente ou de ficar em um *loop* de pensamentos negativos, seu corpo continuará respondendo fisiologicamente como se realmente você estivesse sendo perseguido por um mamute.
- Cada vez que você ficar tensa com alguma coisa, tente pensar em uma paisagem que lhe cause calma e bem-estar, ou visualize a imagem de uma pessoa que você ama ou de algo que lhe tranquilize. Como o cérebro não sabe diferenciar o que é real do que é imaginado, ele acreditará que aquilo que você está imaginando está acontecendo de verdade, e seu sistema nervoso começará a relaxar imediatamente.
- É importante tomar consciência de quais hábitos ou programas mentais automatizados o estão destruindo ou são limitantes e tentar trocá-los por outros que o beneficiem. Graças à neuroplasticidade, isso é possível!

Resumo da segunda parte

Sobre as conexões neurais

- Somos seres de hábitos, tendemos a seguir as mesmas rotinas todos os dias. Da mesma maneira, em geral, tendemos a pensar ou agir da mesma forma. Ter uma mesma rotina diária ajuda a nos sentirmos mais liberados mentalmente.
- Depois que uma tarefa é instaurada, de tanto ser repetida todos os dias, ela acaba se tornando um hábito, e os hábitos marcarão sua vida.
- Se toda vez que receber um sinal eu agir sempre da mesma maneira, reforçarei o mesmo circuito neural, que aos poucos se tornará mais forte; então minha atividade neural tenderá a circular por esse, e não por outro circuito, para otimizar recursos e poupar energia.
- Há uma recompensa imediata que libera no cérebro um neurotransmissor de prazer, a dopamina; esse mesmo comportamento se repetirá com toda a probabilidade diante de um sinal.
- A dopamina é responsável por fazer com que você tenha vontade de buscar esse prazer, por fazer com que seu desejo por ele aumente. É ela que nos faz querer mais daquilo que nos dá prazer.
- Quando comemos e bebemos, temos um orgasmo; e quando sentimos que somos aceitos socialmente, o orgasmo pode ser inesquecível. O prazer nos leva a realizar essas funções e a repetir as mesmas condutas quando há ocasião.
- Quando estamos em um estado físico e mental ruim, muitas vezes perdemos o prazer pelas coisas. Baixar demais os níveis de dopamina pode levá-lo à depressão.

Sobre os vícios

- Geneticamente, há pessoas mais propensas a se viciar do que outras.
- Quanto mais você consome algo, mais tolerância desenvolve, seja um bolo de chocolate ou medicamentos.

- No caso da maioria das "drogas", o que acontece é que, como você está constantemente trazendo de fora aquela substância, o cérebro deixa de fabricá-la ou reduz os receptores aos quais ela adere para que tudo fique equilibrado.
- Como o cérebro não produz essas substâncias, você precisa delas cada vez mais para sentir o mesmo efeito.

Sobre o medo de perder

- FOMO é a sigla em inglês para *fear of missing out*, expressão que pode ser traduzida como "medo de ficar de fora".
- É esconder-se atrás de uma fachada repleta de selfies em festas, viagens, rodeado de amigos, comidas saudáveis e deliciosas, sucessos acadêmicos ou esportivos, um amor romântico e perfeito.
- Parece que dizemos sim a tudo por pressão social, por medo de nos sentirmos excluídos, de não sermos aceitos pelos outros. O problema é que, dessa maneira, você está vivendo uma realidade alternativa incoerente com o que quer para si. O FOMO o distrai de poder realizar suas paixões ou seus propósitos.
- Quando somos movidos por recompensas imediatas, sentimos o tempo todo essa neuroquímica dentro de nós; passamos o dia inteiro buscando mais e mais, os circuitos de dopamina ficam alterados. Nós nos tornamos viciados em viver subjugados à satisfação de curto prazo. Se não a conseguimos, sentimos esse vazio, nos falta esse prêmio.
- A hiperatividade é tão bem-vista pela sociedade que, muitas vezes, é difícil lutar contra ela. Dá medo. Parece que, se você parar, acabará sendo um zero à esquerda ou terminará fracassado, vagando sozinho debaixo de uma ponte.

Sobre os hábitos

- Estabeleça objetivos plausíveis. O difícil é realizar tudo.
- Quando sentimos medo, mudamos, mas apenas temporariamente. A foto do pulmão escurecido nos maços de cigarro não funciona. Mude a partir da valentia e do amor.

- Se os outros fazem, também vou fazer, assim ganho aprovação. Somos seres sociais e queremos fazer as coisas direito.
- Se você for premiado por suas ações, tenderá a querer repeti-las. Você busca recompensas imediatas.

Sobre comer por ansiedade

- A parte primitiva do cérebro continua pensando que a comida que contém açúcar ou gordura é escassa, então, por via das dúvidas, o faz buscá-la continuamente e sentir prazer ao comê-la.
- Você precisa de glicose como combustível, não apenas para que todos os processos fisiológicos de seu corpo funcionem bem, mas também para o bem-estar de seu próprio cérebro, que você já sabe que é o órgão que gasta mais energia relativamente a seu peso.
- Antigamente, comer gorduras e açúcares era só vantagem, mas hoje em dia sabemos que é um risco para a saúde. Esse tipo de alimento afeta todo o corpo de maneira muito negativa, e o cérebro também é prejudicado.
- Um consumo abusivo de alimentos ricos em gordura, açúcar ou sal dispara ainda mais a ansiedade.
- Não precisamos ingerir expressamente açúcar nem alimentos doces para obter glicose, já que tudo o que comemos acaba sendo reconvertido nela, em maior ou menor medida.
- Comer muito sal pode ter consequências no sistema cardiovascular e acabar causando hipertensão, insuficiência renal ou AVC.
- É melhor comer gorduras boas, que você pode encontrar no abacate, nas frutas secas, nos laticínios e no rei das gorduras saudáveis: o ômega-3.
- Existe uma comunicação entre intestino e cérebro que ocorre o tempo todo, é constante e bidirecional.
- É importante comer devagar e mastigar muito, para que o cérebro possa ir recebendo todos os sinais do que está acontecendo. Comer em pé, rapidamente ou na frente do computador, sem ser consciente, faz com que você não se sinta saciado e consuma comidas muito mais calóricas.

- Um estudo comprovou como uso do prebiótico que aumenta as bactérias do tipo *Lactobacillus* consegue atenuar os níveis de cortisol; outro estudo que investigou o mesmo tipo de bactéria constatou como os níveis do neurotransmissor GABA aumentavam ao consumi-la.
- O que comemos pode impactar o aumento da ansiedade, que por sua vez pode afetar nosso sistema digestório.

Sobre dormir

- Ainda há muitos mistérios a serem desvendados sobre como funciona o sono fisiologicamente. A única coisa que sabemos com certeza é que passamos quase um terço da vida dormindo.
- Um sono de qualidade é atribuído à nossa capacidade de adormecer rapidamente, em menos de meia hora, placidamente, e despertar apenas algumas vezes durante a noite.
- A privação do sono não afeta apenas o cérebro, mas também os sistemas endócrino, cardiovascular e inclusive o imunológico.
- Graças ao sono, o cérebro é capaz de integrar as novas informações que você recebeu durante o dia às memórias já existentes, fazendo com que você se lembre melhor delas.
- Enquanto você dorme, o cérebro descarta aquelas memórias que você não usa e o ajuda a esquecê-las.
- O cortisol deve diminuir durante a noite e aumentar ao amanhecer, com os primeiros raios de sol. Seu pico ocorre ao meio-dia. Já a melatonina, conhecida como o "hormônio do sono", tem o papel contrário: sobe durante a noite, tem seu pico às quatro da manhã e cai ao amanhecer.
- Todos os alimentos que contêm triptofano aumentam a serotonina do corpo para que possamos dormir melhor. Por um lado, o consumo de alimentos como peixes azuis, ovos, chocolate amargo, frutas secas ou banana melhora seu estado de ânimo; por outro, o prepara para induzir um bom sono.
- Se passamos o dia todo em casa, trabalhando a distância sem fazer nenhuma atividade física, é normal que custemos mais a dormir.

- As infusões com substâncias agonistas de adenosina estimulam o sono, enquanto substâncias antagonistas como o café o diminuem.
- Se você é daqueles que demoram a pegar no sono, aproveite para sair e tomar sol pela manhã, e se é daqueles que acordam cedo demais, saia para passear ao entardecer; isso promoverá um ajuste melhor do ciclo circadiano.

Sobre o top três do cérebro feliz

- Respirar profundamente diminui a frequência cardíaca e a pressão arterial e baixa a concentração de cortisol, além de reforçar o sistema imunológico.
- Quando respiramos profundamente, o ritmo cardíaco diminui, graças, em princípio, à estimulação do nervo vago, o que faz com que o sistema parassimpático seja ativado e o estado de relaxamento seja alcançado.
- Aparentemente, a respiração influencia a atenção, a memória e a maneira como gerenciamos as emoções.
- A ioga como atividade física habitual tem muitos benefícios, que vão além da melhora no sistema cardiovascular, da queima de calorias, da redução de gordura e da manutenção de massa muscular.
- Ajuda na liberação de dopamina, um neurotransmissor que ativa o sistema de recompensa, entre muitas outras funções. Ao praticar ioga, também é segregada a serotonina, outro neurotransmissor conhecido como "hormônio da felicidade"; sua segregação propicia uma sensação de bem-estar e felicidade.
- Além disso, é liberada a ocitocina, considerada por muitos o hormônio do amor social.
- Ao praticar essas técnicas, você ativa o sistema nervoso parassimpático, o que diminui o cortisol. Tudo isso contribui para reduzir o estresse, a ansiedade e a depressão.
- A meditação lhe permite dominar a mente, deixar de entrar em *loop* e de viver constantemente no piloto automático.
- Quando meditamos, respiramos de maneira mais pausada, diminuindo a frequência cardíaca e aumentando sua varia-

bilidade, o que nos dá tom vagal e facilita o trânsito para o estado de relaxamento, melhorando a coordenação entre cérebro e coração.

Resumo da terceira parte

Sobre as emoções

- As emoções são indispensáveis. Assim como ao longo da evolução ocorreram mutações ou mudanças físicas que foram úteis para nos adaptarmos melhor ao mundo, também existe uma forma de ver as emoções da mesma maneira: pode ser que, hoje em dia, elas estejam presentes em nós por terem também uma utilidade evolutiva.
- O medo nos protege, nos ajuda a enfrentar as adversidades, o perigo, nos preparando para lutar ou fugir, aumentando assim a probabilidade de sobrevivência.
- Ainda não existe um consenso claro sobre quais são as emoções básicas inatas de um ser humano, mas em todas as propostas sempre está presente um núcleo de quatro: medo, ira, tristeza e alegria.
- A ansiedade é uma emoção secundária e, como tal, foi "selecionada" evolutivamente porque tem uma vantagem adaptativa: antepõe-se ao que possa acontecer no futuro, faz previsões, e a resposta condicionada pelo medo nos leva a tomar decisões que podem "salvar nossa vida".
- O que você aprendeu durante a vida, a maneira como interpreta o mundo, vai definir qual emoção secundária o afeta ou não.
- Somos emocionais antes de sermos racionais: a amígdala responde aos estímulos externos milissegundos antes que o córtex pré-frontal.
- Uma emoção é um padrão de conduta inconsciente que ocorre sem que você planeje. Você não tem controle sobre o surgimento de uma emoção, mas, sim, sobre como vai lidar com ela posteriormente.

- Quando alguém tem ansiedade, utiliza a via rápida de pensamento na maior parte do tempo, se torna reativo e perde a capacidade de reflexão. Essa pessoa é mais impulsiva e se deixa levar pelas emoções sem racionalizá-las. Para uma pessoa impulsiva, é muito difícil gerenciar as emoções e, portanto, lidar com o estresse ou a ansiedade.
- Estudos demonstram que as pessoas que se dão um tempo para racionalizar as emoções têm a conexão entre amígdala e córtex pré-frontal reforçada. Meditar ou escrever, por exemplo, ajuda muito a reforçar a via lenta e tirar a amígdala do trono.

Sobre a força de vontade e as crenças

- As necessidades são uma fonte de motivação. Elas nos impulsionam a superar as dificuldades e adiar as recompensas imediatas. Quando estamos motivados, liberamos sobretudo dopamina e serotonina.
- Tanto se percebemos algo do exterior como se pensamos em alguma coisa, a informação não passa somente pela amígdala, mas também pelo hipocampo, um dos responsáveis pela memória.
- A maioria das crenças é aprendida na infância, quando o córtex pré-frontal ainda não está maduro, o que faz com que o filtro da razão não seja aplicado.
- Se você mudar aquelas crenças que o limitam, provavelmente surgirão menos emoções "negativas" em você.
- Quando sofremos de ansiedade, somos inundados por pensamentos negativos, preocupações que alimentam o estado emocional ansioso. Quando estamos sequestrados pelo medo e pela ansiedade, vemos o mundo por essas lentes, o que nos induz a pensar de uma maneira provavelmente enviesada e cheia de crenças "irracionais" e mantém o estado de ansiedade.
- Se você não questionar seu passado, seu presente seguirá impregnado dele, assim como seu futuro, já que, para imaginá-lo, o cérebro faz previsões a partir do passado. Nunca será tarde enquanto você estiver vivo para decidir como quer interpretar o mundo.

Sobre o medo e a maneira como falamos

- O medo, ou talvez o sentimento de medo, é muito complexo, subjetivo, e pode ser que cada pessoa o vivencie de maneira diferente.
- Segundo a maioria dos estudos e experimentos realizados em ratos, o melhor para superar o medo é enfrentá-lo.
- Podemos descobrir muitas de nossas crenças irracionais e vieses observando como falamos. Linguagem e pensamento estão muito relacionados.
- A linguagem também nos ajuda a construir nosso senso de identidade. Segundo a maneira como falamos conosco ou com os outros, podemos mudar completamente nossa forma de perceber a realidade. Somos narradores de histórias, e a vida pode ser vista de uma maneira ou de outra dependendo de como a contamos.
- A linguagem está relacionada com um grande número de funções cognitivas, como a atenção, a orientação ou a memória, por isso agora se sabe que as habilidades linguísticas não estão localizadas em uma área cerebral específica, mas, sim, em muitas diferentes.
- As palavras que escutamos ou lemos alteram nossa percepção do entorno e de nosso estado de ânimo.
- A linguagem influencia nossas sensações. Fale bem e se sentirá bem.
- Nós narramos a nós mesmos nossos planos futuros, recordamos o que aconteceu conosco durante o dia, pensamos nas pendências, imaginamos coisas, mas sempre é EU, EU, EU. Temos uma mente bastante egocêntrica.
- As pessoas que passam o dia pensando em *loop* com um diálogo interno negativo apresentam uma alteração na rede de modo padrão.
- Em vez de dizer "não sou capaz", "sou um idiota", "sou o pior"..., pense: "O que eu diria a um amigo?" É sempre uma ótima ideia colocar-se no lugar do outro, dissociar-se.
- Tudo se transforma quando você muda a maneira de falar consigo mesmo. Se você fala a si mesmo com amor e respeito, considerando-se o mais importante, sua vida começa a se transformar. Você para de se ferir e deixa de ser seu próprio inimigo. Faça as pazes consigo mesmo. Então, comece a prestar atenção a esse diálogo interno. Esse é o primeiro passo.

Sobre a felicidade

- Graças à neuroplasticidade, você pode mudar suas crenças irracionais, pode controlar os impulsos que o levam aos prazeres imediatos e ao mal-estar posterior, pode aprender a encontrar sua melhor versão e superar a ansiedade.
- Se felicidade é sinônimo de alegria, sabemos que essa emoção é um estado de excitação, mas não é um sentimento que você consegue manter o tempo todo dentro de si.
- Não conquistamos a felicidade quando temos muito dinheiro, saúde ou amigos. Conquistar ou não depende mais da correlação entre as condições objetivas e as expectativas subjetivas.
- Quando a diferença entre o que eu quero que aconteça e o que realmente obtenho é pequena, meu bem-estar subjetivo aumenta.
- O viés otimista é um viés cognitivo que nos faz acreditar que temos menos probabilidade de passar por coisas negativas do que realmente temos.

Trabalhe junto com a gente

Temos consciência de como é difícil explicar em um livro o mecanismo correto para realizar os exercícios, então decidimos ajudá-lo e fizemos isso em forma de vídeo. Por meio do QR Code a seguir, você poderá trabalhar junto com a gente a respiração, a meditação, a ioga e o qigong, além de aprofundar esses hábitos e o modo como aplicá-los.

Esperamos por você.

Bibliografia

Artigos científicos

BABO-REBELO, Mariana; RICHTER, Craig G.; TALLON-BAUDRY, Catherine. Neural responses to heartbeats in the default network encode the self in spontaneous thoughts. *Journal of Neuroscience*, v. 36, n. 30, p. 7829-7840, 2016.

BAIK, Ja-Hyun. Dopamine signaling in reward-related behaviors. *Frontiers in Neural Circuits*, v. 7, p. 152, 2013.

BREIT, Sigrid *et al*. Vagus nerve as modulator of the brain-gut axis in psychiatric and inflammatory disorders. *Frontiers in Psychiatry 9*, p. 44, 2018.

BREWER, Judson A. *et al*. Meditation experience is associated with differences in default mode network activity and connectivity. *Proceedings of the National Academy of Sciences*, v. 108, n. 50, p. 20254-20259, 2011.

BUCKNER, Randy L.; ANDREWS-HANNA, Jessica R.; SCHACTER, Daniel L. The brain's default network: anatomy, function, and relevance to disease. *Annals of the New York Academy of Science*, v. 1124, n. 1, p. 1-38, abr. 2008.

CALHOON, Gwendolyn G.; TYE, Kay M. Resolving the neural circuits of anxiety. *Nature Neuroscience*, v. 18, n. 10, p. 1394-1404, 2015.

CAMILLERI, Michael. Leaky gut: mechanisms, measurement and clinical implications in humans. *Gut,* v. 68, n. 8, p. 1516-1526, 2019.

CANLI, Turhan; LESCH, Klaus-Peter. Long story short: the serotonin transporter in emotion regulation and social cognition. *Nature Neuroscience*, v. 10, n. 9, p. 1103-1109, 2007.

CARNEY, Dana R.; CUDDY, Amy J. C.; YAP, Andy J. Power posing: Brief nonverbal displays affect neuroendocrine levels and risk tolerance. *Psychological Science*, v. 21, n. 10, p. 1363-1368, 2010.

CHU, Coco et al. The microbiota regulate neuronal function and fear extinction learning. *Nature*, v. 574, n. 7.779, p. 543-548, 2019.

COLCOMBE, Stanley J. et al. Cardiovascular fitness, cortical plasticity, and aging. *Proceedings of the National Academy of Sciences*, v. 101, n. 9, p. 3316-3321, 2004.

CONCHA, Daniela et al. Sesgos cognitivos y su relación con el bienestar subjetivo. *Salud & Sociedad*, v. 3, n. 2, p. 115-129, 2012.

CONIO, Benedetta et al. Opposite effects of dopamine and serotonin on resting-state networks: review and implications for psychiatric disorders. *Molecular Psychiatry*, v. 25, n. 1, p. 82-93, 2020.

CROPLEY, Mark et al. The association between work-related rumination and heart rate variability: a field study. *Frontiers in Human Neuroscience*, v. 11, p. 27, 2017.

CRYAN, John F.; DINAN, Timothy G. Mind-altering microorganisms: the impact of the gut microbiota on brain and behavior. *Nature Reviews Neuroscience*, v. 13, n. 10, p. 701-712, 2012.

DA SILVA, Tricia L.; RAVINDRAN, Lakshmi N.; RAVINDRAN, Arun V. Yoga in the treatment of mood and anxiety disorders: A review. *Asian Journal of Psychiatry*, v. 2, n. 1, p. 6-16, 2009.

DAMÁSIO, António; CARVALHO, Gil B. The nature of feelings: evolutionary and neurobiological origins. *Nature Reviews Neuroscience*, v. 14, n. 2, p. 143-152, 2013.

DAW, Nathaniel D.; SHOHAMY, Daphna. The cognitive neuroscience of motivation and learning. *Social Cognition*, v. 26, n. 5, p. 593-620, 2008.

DE FILIPPO, Carlotta et al. Impact of diet in shaping gut microbiota revealed by a comparative study in children from Europe and rural Africa. *Proceedings of the National Academy of Sciences*, v. 107, n. 33, p. 14691-14696, 2010.

DINAN, Timothy G.; CRYAN, John F. The microbiome-gut-brain axis in health and disease. *Gastroenterology Clinics*, v. 46, n. 1, p. 77-89, 2017.

DOMINGUEZ-BELLO, Maria G. et al. Partial restoration of the microbiota of cesarean-born infants via vaginal microbial transfer. *Nature Medicine*, v. 22, n. 3, p. 250-253, 2016.

EVERITT, Barry J.; ROBBINS. Trevor W. Neural systems of reinforcement for drug addiction: from actions to habits to compulsion. *Nature Neuroscience*, v. 8, n. 11, p. 1481-1489, 2005.

EYRE, Harris A. *et al*. Changes in neural connectivity and memory following a yoga intervention for older adults: a pilot study. *Journal of Alzheimer's Disease*, v. 52, n. 2, p. 673-684, 2016.

FEINSTEIN, Justin S.; ADOLPHS, Ralph; TRANEL, Daniel. Fear and panic in humans with bilateral amygdala damage. *Nature Neuroscience*, v. 16, n. 3, p. 270-272, 2013.

FINK, Andreas; BENEDEK, Mathias. EEG alpha power and creative ideation. *Neuroscience & Biobehavioral Reviews*, v. 44, p. 111-123, 2014.

FOSTER, Jane A.; MCVEY NEUFELD, Karen-Anne. Gut-brain axis: how the microbiome influences anxiety and depression. *Trends in Neurosciences*, v. 36, n. 5, p. 305-312, 2013.

GARD, Tim *et al*. Potential self-regulatory mechanisms of yoga for psychological health. *Frontiers in Human Neuroscience*, v. 8, p. 770, 2014.

GHOSH, Supriya; CHATTARJI, Sumantra. Neuronal encoding of the switch from specific to generalized fear. *Nature Neuroscience*, v. 8, n. 1, p. 112-120, 2015.

GOETHE, Neha P. *et al*. Differences in brain structure and function among yoga practitioners and controls. *Frontiers in Integrative Neuroscience*, v. 12, p. 26, 2018.

GROSS, Cornelius; HEN, Rene. The developmental origins of anxiety. *Nature Reviews Neuroscience*, v. 5, n. 7, p. 545-552, 2004.

GROSSMAN, Paul; TAYLOR, Edwin W. Toward understanding respiratory sinus arrhythmia: Relations to cardiac vagal tone, evolution and biobehavioral functions. *Biological Psychology*, v. 74, n. 2, p. 263-285, 2007.

GROVES, Duncan A.; BROWN, Verity J. Vagal nerve stimulation: a review of its applications and potential mechanisms that mediate its clinical effects. *Neuroscience & Biobehavioral Reviews*, v. 29, n. 3, p. 493-500, 2005.

GUTIÉRREZ-GARCÍA, Aida; FERNÁNDEZ-MARTÍN, Andrés. Anxiety and Interpretative Bias of ambiguous stimuli: A review. *Ansiedad y Estrés*, n. 18, p. 1-14, 2012.

HAMILTON, J. Paul *et al*. Depressive rumination, the default-mode network, and the dark matter of clinical neuroscience. *Biological Psychiatry*, v. 78, n. 4, p. 224-230, 2015.

HAMILTON, Nancy *et al*. Test anxiety and poor sleep: A vicious cycle. *International Journal of Behavioral Medicine*, v. 28, n. 2, p. 250-258, abr. 2021.

HASENKAMP, Wendy *et al*. Mind wandering and attention during focused meditation: a fine-grained temporal analysis of fluctuating cognitive states. *Neuroimage*, v. 59, n. 1, p. 750-760, 2012.

HERNÁNDEZ, Sergio Elías *et al*. Increased grey matter associated with long--term sahaja yoga meditation: a voxel-based morphometry study. *PloS one*, v. 11, n. 3, p. e0150757, 2016.

JANG, Joon Hwan *et al*. Increased default mode network connectivity associated with meditation. *Neuroscience Letters*, v. 487, n. 3, p. 358-362, 2011.

JAYARAM, N. *et al*. Effect of yoga therapy on plasma oxytocin and facial emotion recognition deficits in patients of schizophrenia. *Indian Journal of Psychiatry*, v. 55, supl. 3, p. S409, 2013.

JIANG, Haiteng *et al*. Brain-Heart interactions underlying traditional Tibetan Buddhist meditation. *Cerebral Cortex*, v. 30, n. 2, p. 439-450, 2020.

JUNG, Ye-Ha *et al*. The effects of mind-body training on stress reduction, positive affect, and plasma catecholamines. *Neuroscience Letters*, v. 479, n. 2, p. 138-142, 2010.

KILLINGSWORTH, Matthew A.; GILBERT, Daniel T. A wandering mind is an unhappy mind. *Science*, v. 330, n. 6.006, p. 932-932, 2010.

KIM, Dae-Keun *et al*. Dynamic correlations between heart and brain rhythm during autogenic meditation. *Frontiers in Human Neuroscience*, v. 7, p. 414, 2013.

KOK, Bethany E.; FREDRICKSON, Barbara L. Upward spirals of the heart: Autonomic flexibility, as indexed by vagal tone, reciprocally and prospectively predicts positive emotions and social connectedness. *Biological Psychology*, v. 85, n. 3, p. 432-436, 2010.

KOOB, George F.; SANNA, Pietro Paolo; BLOOM, Floyd E. Neuroscience of addiction. *Neuron*, v. 21, n. 3, p. 467-476, 1998.

LABBAN, Jeffrey D.; ETNIER, Jennifer L. Effects of acute exercise on long--term memory. *Research Quarterly for Exercise and Sport*, v. 82, n. 4, p. 712-721, 2011.

LAFRENIERE, Lucas S.; NEWMAN, Michelle G. Exposing worry's deceit: Percentage of untrue worries in generalized anxiety disorder treatment. *Behavior Therapy*, v. 51, n. 3, p. 413-423, 2020.

LEDOUX, Joseph E.; PINE, Daniel S. Using neuroscience to help understand fear and anxiety: a two-system framework. *American Journal of Psychiatry*, v. 173, n. 11, p. 1083-1093, nov. 2016.

LEI, Hao *et al*. Social support and Internet addiction among mainland Chinese teenagers and young adults: A meta-analysis. *Computers in Human Behavior*, v. 85, p. 200-209, 2018.

LIN, Fuchun *et al*. Abnormal white matter integrity in adolescents with internet addiction disorder: a tract-based spatial statistics study. *PloS one*, v. 7, n. 1, p. e30253, 2012.

MASLEY, Steven; ROETZHEIM, Richard; GUALTIERI, Thomas. Aerobic exercise enhances cognitive flexibility. *Journal of Clinical Psychology in Medical Settings*, v. 16, n. 2, p. 186-193, 2009.

MASON, Heather *et al*. Cardiovascular and autonomic responses to psychological stress in Gulf War veterans with posttraumatic stress disorder. *Biological Psychology*, v. 94, n. 2, p. 291-299, 2013.

MEHTA, Purvi; SHARMA, Manoj. Yoga as a complementary therapy for clinical depression. *Complementary Health Practice Review*, v. 15, n. 3, p. 156-170, 2010.

MICHALAK, Johannes; MISCHNAT, Judith; TEISMANN, Tobias. Sitting posture makes a difference-embodiment effects on depressive memory bias. *Clinical Psychology & Psychotherapy*, v. 21, n. 6, p. 519-524, 2014.

MIURA, Naoki *et al*. Neural evidence for the intrinsic value of action as motivation for behavior. *Neuroscience*, v. 352, p. 190-203, 2017.

MOBBS, Dean *et al*. Viewpoints: Approaches to defining and investigating fear. *Nature Neuroscience*, v. 22, n. 8, p. 1205-1216, 2019.

NEJAD, Ayna Baladi; FOSSATI, Philippe; LEMOGNE, Cédric. Self-referential processing, rumination, and cortical midline structures in major depression. *Frontiers in Human Neuroscience*, v. 7, p. 666, 2013.

NEUBAUER, Simon; HUBLIN, Jean-Jacques; GUNZ, Philipp. The evolution of modern human brain shape. *Science Advances*, v. 4, n. 1, p. eaao5961, 2018.

NG, Betsy. The neuroscience of growth mindset and intrinsic motivation. *Brain Sciences*, v. 8, n. 2, p. 20, 2018.

NOBLE, Lindsey J. *et al*. Vagus nerve stimulation promotes generalization of conditioned fear extinction and reduces anxiety in rats. *Brain Stimulation*, v. 12, n. 1, p. 9-18, 2019.

O'TOOLE, Paul W.; JEFFERY, Ian B. Gut microbiota and aging. *Science*, v. 350, n. 6265, p. 1214-1215, 2015.

PAL, Rameswar *et al*. Age-related changes in cardiovascular system, autonomic functions, and levels of BDNF of healthy active males: role of yogic practice. *Age*, v. 36, n. 4, p. 1-17, 2014.

PARK, Hyeong-Dong *et al*. Spontaneous fluctuations in neural responses to heartbeats predict visual detection. *Nature Neuroscience*, v. 17, n. 4, p. 612-618, 2014.

PARK, Soyoung Q. *et al*. A neural link between generosity and happiness. *Nature Communications*, v. 8, n. 1, p. 1-10, 2017.

ROSS, Alyson; THOMAS, Sue. The health benefits of yoga and exercise: a review of comparison studies. *The Journal of Alternative and Complementary Medicine*, v. 16, n. 1, p. 3-12, 2010.

RUSSO, Scott J. *et al*. Neurobiology of resilience. *Nature Neuroscience*, v. 15, n. 11, p. 1475-1484, 2012.

SANDERS, Mary Ellen *et al*. Probiotics for human use. *Nutrition Bulletin*, v. 43, n. 3, p. 212-225, 2018.

SANDERS, Mary Ellen *et al*. Probiotics and prebiotics in intestinal health and disease: from biology to the clinic. *Nature Reviews Gastroenterology & Hepatology*, v. 16, n. 10, p. 605-616, 2019.

SCHLOSSER, Marco *et al*. Meditation experience is associated with lower levels of repetitive negative thinking: The key role of self-compassion. *Current Psychology*, v. 39, n. 1, p. 1-12, 2020.

SCHWARTZ, Peter J.; DE FERRARI, Gaetano M. Sympathetic-parasympathetic interaction in health and disease: abnormalities and relevance in heart failure. *Heart Failure Reviews*, v. 16, n. 2, p. 101-107, 2011.

SHOHANI, Masoumeh *et al*. The effect of yoga on stress, anxiety, and depression in women. *International Journal of Preventive Medicine*, v. 9, 2018.

SOON, Chun Siong *et al*. Unconscious determinants of free decisions in the human brain. *Nature Neuroscience*, v. 11, n. 5, p. 543-545, 2008.

STEPHENS, Greg J.; SILBERT, Lauren J.; HASSON, Uri. Speaker-listener neural coupling underlies successful communication. *Proceedings of the National Academy of Sciences*, v. 107, n. 32, p. 14425-14430, 2010.

STICKGOLD, Robert. Sleep-dependent memory consolidation. *Nature*, v. 437, n. 7063, p. 1272-1278, 2005.

SURI, Manjula; SHARMA, Rekha; SAINI, Namita. Neuro-physiological correlation between yoga, pain and endorphins. *International Journal of Adapted Physical Education and Yoga*, v. 3, n. 1, p. 1-6, 2017.

TANG, Yi-Yuan *et al*. Frontal theta activity and white matter plasticity following mindfulness meditation. *Current Opinion in Psychology*, v. 28, p. 294-297, 2019.

TANG, Yi-Yuan; HÖLZEL, Britta K.; POSNER, Michael I. The neuroscience of mindfulness meditation. *Nature Reviews Neuroscience*, v. 16, n. 4, p. 213-225, 2015.

TAYLOR, Véronique A. *et al*. Impact of meditation training on the default mode network during a restful state. *Social Cognitive and Affective Neuroscience*, v. 8, n. 1, p. 4-14, 2013.

TELLER, Sara *et al*. Spontaneous functional recovery after focal damage in neuronal cultures. *Eneuro*, v. 7, n .1, p. 1-13, 2020.

TELLES, Shirley; SINGH, Nilkamal; BALKRISHNA, Acharya. Managing mental health disorders resulting from trauma through yoga: a review. *Depression Research and Treatment*, 2012.

TOLAHUNASE, Madhuri; SAGAR, Rajesh; DADA, Rima. Impact of yoga and meditation on cellular aging in apparently healthy individuals: a prospective, open-label single-arm exploratory study. *Oxidative Medicine and Cellular Longevity*, 2017.

VV. AA. Percepción y hábitos de la población española frente al estrés. *SEAS*, 2017.

WANG, Fushun *et al*. Neurotransmitters and emotions. *Frontiers in Psychology*, v. 11, p. 21, 2020.

WILSON, Timothy D. *et al*. Just think: The challenges of the disengaged mind. *Science*, v. 345, n. 6192, p. 75-77, 2014.

WU, Gary D.; CHEN, Jie; HOFFMANN, Christian *et al*. Linking long-term dietary patterns with gut microbial enterotypes. *Science*, v. 334, n. 6052, p. 105-108, 2011.

YACKLE, Kevin; SCHMIDT, Tina M.; HERZOG, Eric D. *et al*. Breathing control center neurons that promote arousal in mice. *Science*, v. 355, n. 6332, p. 1411-1415, 2017.

YESHURUN, Yaara; NGUYEN, Mai; HASSON, Uri. The default mode network: where the idiosyncratic self meets the shared social world. *Nature Reviews Neuroscience*, v. 22, n. 3, p. 181-192, 2021.

ZACCARO, Andrea *et al*. How breath-control can change your life: a systematic review on psycho-physiological correlates of slow breathing. *Frontiers in Human Neuroscience*, v. 12, p. 353, 2018.

ZADBOOD, Asieh *et al*. How we transmit memories to other brains: constructing shared neural representations via communication. *Cerebral Cortex*, v. 27, n. 10, p. 4988-5000, 2017.

Livros

BARRETT, Lisa Feldman. *How Emotions Are Made:* The Secret Life of the Brain. Nova York: Mariner Books, 2018.
BUENO I TORRENS, David. *Cerebroflexia*. Barcelona: Plataforma, 2016.
BUENO I TORRENS, David. *L'art de persistir*. Barcelona: Ara Llibres, 2020.
CASTELLANOS, Nazareth, *El espejo del cerebro*, Madri, La Huerta Grande, 2021.
DAMÁSIO, António. *O erro de Descartes*: emoção, razão e o cérebro humano. São Paulo: Companhia das Letras, 2012.
DISPENZA, Joe. *Quebrando o hábito de ser você mesmo*: como reconstruir sua mente e criar um novo. Porto Alegre: Citadel, 2018.
DUHIGG, Charles. *O poder do hábito*: por que fazemos o que fazemos na vida e nos negócios. Rio de Janeiro: Objetiva, 2012.
ESTAPÉ, Marian Rojas. *Como fazer com que coisas boas aconteçam*: entenda seu cérebro, gerencie suas emoções, melhore sua vida. São Paulo: Barcelona, Planeta, 2021.
HABIB, Navaz. *Activar el nervio vago*. Barcelona: Urano, 2019.
LE VAN QUYEN, Michel. *Cerebro y silencio*. Barcelona: Plataforma, 2019.
MORA, Francisco. *¿Es posible una cultura sin miedo?* Madri: Alianza Editorial, 2015.
PERLMUTTER, David; PERLMUTTER, Austin. *A limpeza da mente*: reprograme seu cérebro para ter pensamentos mais claros, relações mais profundas e felicidade duradoura. São Paulo: Fontanar, 2021.
WALKER, Matthew. *Por que nós dormimos*: a nova ciência do sono e do sonho. Rio de Janeiro: Intrínseca, 2018.

Impressão e Acabamento:
BMF GRÁFICA E EDITORA